FORSCHUNGSBERICHTE
DES WIRTSCHAFTS- UND VERKEHRSMINISTERIUMS
NORDRHEIN-WESTFALEN

Herausgegeben von Staatssekretär Prof. Leo Brandt

Nr. 311

Prof. Dr. phil. Franz Wever
Dr. phil. nat. Max Hempel

Max-Planck-Institut für Eisenforschung, Düsseldorf

Dauerschwingfestigkeit von Stählen bei erhöhten Temperaturen
Teil I:
Erkenntnisse aus bisherigen Dauerschwingversuchen in der Wärme

Als Manuskript gedruckt

SPRINGER FACHMEDIEN WIESBADEN GMBH

1956

ISBN 978-3-663-19988-5   ISBN 978-3-663-20338-4 (eBook)
DOI 10.1007/978-3-663-20338-4

Forschungsberichte des Wirtschafts- und Verkehrsministeriums Nordrhein-Westfalen

Gliederung

I. Einleitung .... S. 5

II. Versuchsverfahren und Begriffsbestimmungen .... S. 5

III. Grenzlastspielzahl und Dauerschwingfestigkeit .... S. 7

IV. Prüffrequenz und Dauerschwingfestigkeit .... S. 9

V. Mittelspannung und Dauerschwingfestigkeit .... S. 11

VI. Kerbwirkung und Dauerschwingfestigkeit .... S. 17

VII. Korngröße und Dauerschwingfestigkeit .... S. 19

VIII. Korrosion und Dauerschwingfestigkeit .... S. 19

IX. Oberflächenverfestigung und Dauerschwingfestigkeit .... S. 22

X. Temperaturabhängigkeit der Festigkeitswerte bei ruhender und wechselnder Beanspruchung .... S. 23

XI. Zeitabhängigkeit der Festigkeitswerte bei ruhender und wechselnder Beanspruchung .... S. 24

XII. Folgerungen .... S. 27

XIII. Literaturverzeichnis .... S. 33

Forschungsberichte des Wirtschafts- und Verkehrsministeriums Nordrhein-Westfalen

I. Einleitung

Die durch Dauerbrüche gekennzeichneten Schadensfälle im Rohr-, Kessel- oder Turbinenbau zeigen, daß derartige Bau- und Maschinenteile nicht allein einer ruhenden Beanspruchung bei höheren Temperaturen ausgesetzt sind, sondern durch Belastungs-, Druck- oder Temperaturschwankungen sowie durch Erschütterungen oder Resonanzschwingungen wechselnde Beanspruchungen unterschiedlicher Höhe und Dauer erleiden. In den erstgenannten Fällen ist die Frequenz der erregten Schwingung gering und beträgt nur wenige Wechsel/min; in den letzten Fällen dagegen werden die durch Erschütterungen und Resonanzwirkung angefachten Schwingungen die Größenordnung der Antriebsfrequenz einer Maschinenanlage von rd. 1000 bis 3000 Wechsel/min und höher erreichen. Hieraus leitet sich die Notwendigkeit ab, die Werkstoffe des Rohr-, Kessel- und Turbinenbaues nicht nur allein in Langzeitversuchen unter ruhender Beanspruchung zu untersuchen, sondern das Verhalten dieser Werkstoffe auch unter wechselnder Beanspruchung zu prüfen, um den Beanspruchungsbedingungen des praktischen Betriebes möglichst nahezukommen.

Im vorliegenden ersten Teil der Arbeit soll zunächst anhand der im Schrifttum veröffentlichten Untersuchungsergebnisse eine kurze Zusammenfassung der wichtigsten Einflußfaktoren auf die Dauerschwingfestigkeit in der Wärme gegeben und die hier auftretenden und zu lösenden Fragen herausgestellt werden. Anschließend wird dann im zweiten Teil über Ergebnisse von Dauerschwingversuchen berichtet, die an zwei warmfesten Stählen bei Prüftemperaturen von 500 bis 650° erhalten wurden.

II. Versuchsverfahren und Begriffsbestimmungen

Das Verhalten der Werkstoffe im Bereich höherer Temperaturen wird bei ruhender und wechselnder Beanspruchung vor allem durch die Höhe und Dauer der Belastungseinwirkung bestimmt. Abbildung 1 gibt in schematischer Darstellung den zeitlichen Kraftverlauf und die Zeitabhängigkeit der Festigkeitswerte für ruhende und wechselnde Belastung wieder. Bei ruhender Belastung bleibt die Beanspruchung über lange Zeiträume konstant und bei wechselnder Belastung ändert sich die Beanspruchung periodisch ständig zwischen zwei Grenzwerten (Teilabb. a). Die Versuchsdurchführung zur Bestimmung der Zeitabhängigkeit der Festigkeitswerte ist für beide Prüfungsarten gleich, und zwar werden mehrere Proben verschieden hohen Belastungen

Forschungsberichte des Wirtschafts- und Verkehrsministeriums Nordrhein-Westfalen

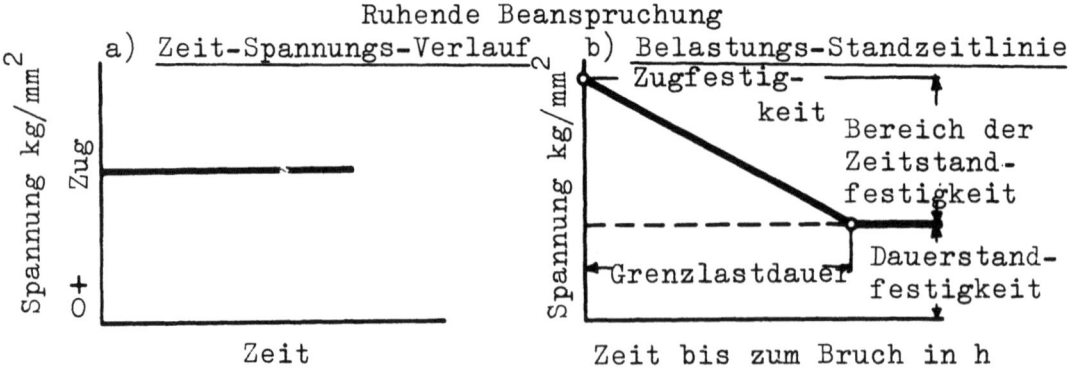

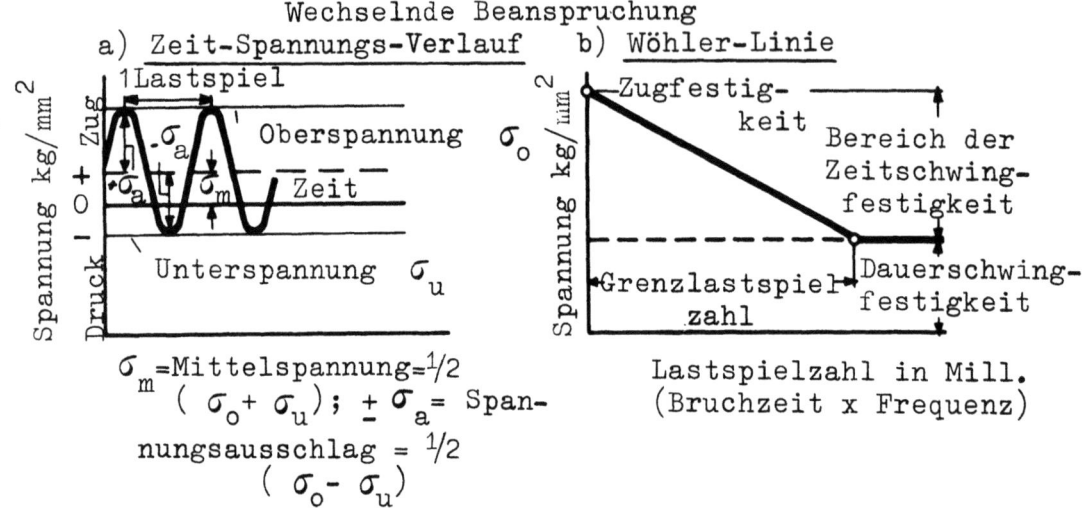

Abbildung 1

Zeitabhängigkeit der Festigkeitswerte bei
ruhender und wechselnder Beanspruchung (schematisch)

unterworfen und die jeweils bis zum Versuchsende - mit bzw. ohne Bruch der Proben - ertragenen Beanspruchungszeiten ermittelt. Die Auftragung der Belastungshöhe in Abhängigkeit von der Belastungsdauer führt dann zur Belastungs-Standzeit-Linie oder zur Wöhler-Linie (Teilabb. b). Zur Kennzeichnung der Beanspruchungsbereiche sind für beide Prüfungsarten entsprechende Begriffe eingeführt worden (1,2). Der Bereich der Zeitstand- bzw. Zeitschwingfestigkeit umfaßt dabei die Belastungen, bei denen nach begrenzter Versuchszeit Brüche auftreten, während dies in dem Bereich der Dauerstand- bzw. Dauerschwingfestigkeit auch nach sehr langer Versuchszeit nicht der Fall ist.

Über die Temperaturabhängigkeit langzeitig ruhend beanspruchter Werkstoffe unterschiedlicher Zusammensetzung, Wärmebehandlung und Vorbehandlung

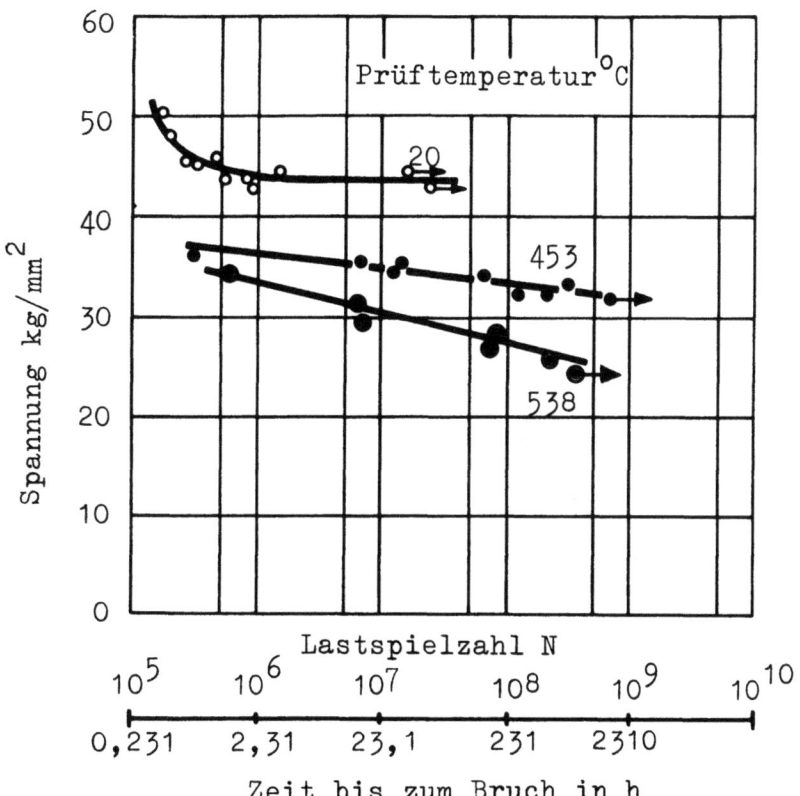

Abbildung 2

Grenzlastspielzahl und Dauerschwingfestigkeit eines Chromstahles in der Wärme [nach Versuchen von W.P. WELCH und W.A. WILSON (16).]

Biegewechselversuche: Dmr. = 14 mm; n = 7200/min.

Chromstahl: 0,1 % C, 0,45 % Mn, 12,3 % Cr,
0,21 % Ni, 0,38 % Mo

liegen bereits zahlreiche Versuchsarbeiten vor (1-10). Da die betriebsbeanspruchten Bauteile vielfach Temperatur- und Spannungsänderungen ausgesetzt sind, wurde die Einwirkung dieser Einflüsse auf das Kriech- und Bruchverhalten metallischer Werkstoffe bei hohen Temperaturen gleichfalls geprüft (11-15). Ergebnisse aus Dauerschwingversuchen, die unter Biege- (16-26) und Zug-Druck- (27-33) Wechselbeanspruchung, seltener unter Zugschwellbeanspruchung (34-36) nach dem bei Raumtemperatur üblichen Wöhler-Verfahren (37) ausgeführt wurden, sind bereits mehrfach mitgeteilt worden.

III. Grenzlastspielzahl und Dauerschwingfestigkeit

Bei den Dauerschwingversuchen an Stählen genügt die bei Raumtemperatur übliche Grenzlastspielzahl von 10 Mill. zur Bestimmung der Wechselfestigkeit

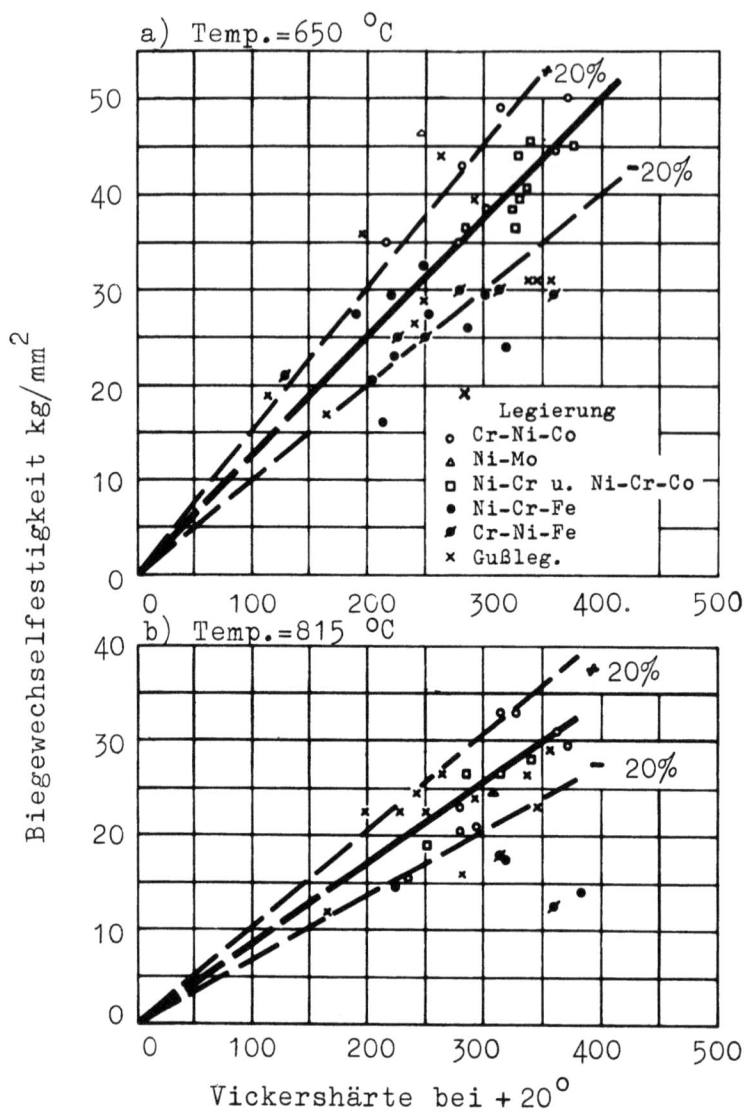

Abbildung 3

Biegewechselfestigkeit hochwarmfester Legierungen bei 650 und 815 °C [nach Versuchen von P.R. TOOLIN und N.L. MOCHEL (18)].

Prüfbedingungen: Proben-Dmr. = 8,5 und 14,0 mm; n = 7200/min; N = 100 Mill.

bei höheren Temperaturen nicht mehr, sondern hier ist nach Versuchen von W.P. WELCH und W.A. WILSON (16) sowie von P.R. TOOLIN und N.L. MOCHEL (18) eine wesentlich höhere Grenzlastspielzahl, und zwar von $\geq$ 500 Mill., notwendig. Über den Verlauf der Wöhler-Linien eines Chrom-Stahles bei verschiedenen Temperaturen gibt Abbildung 2 Aufschluß (16). Es ist ersichtlich, daß sich der Abfall der Wechselspannungen oberhalb 400° bis zu etwa 500 Mill. Lastspielen erstreckt, ohne daß ein Grenzwert der Dauerschwingfestigkeit mit Sicherheit erreicht wird; ein solcher ergibt sich für diesen Stahl bei Raumtemperatur bereits nach etwa 2 Mill. Lastspielen.

Zur Kennzeichnung der bei hohen Prüftemperaturen erreichbaren Wechselfestigkeitswerte von Legierungen, wie sie für den Gasturbinenbau von Bedeutung sind, enthält Abbildung 3 eine Zusammenstellung von Versuchswerten für 650 und 815° nach einer umfassenden amerikanischen Untersuchung (18). Die für eine Grenzlastspielzahl von 100 Mill. ermittelten Biegewechselfestigkeiten (Mittelspannung $\sigma_m = 0$) von 6 Legierungsgruppen sind für beide Temperaturen getrennt in Abhängigkeit von der bei Raumtemperatur bestimmten Vickershärte aufgetragen. Für beide Temperaturen ergibt sich ein großer Streubereich in den Wechselfestigkeitswerten, doch ist deutlich zu erkennen, daß die Wechselfestigkeiten für beide Prüftemperaturen mit zunehmender Härte bzw. Zugfestigkeit ansteigen.

IV. Prüffrequenz und Dauerschwingfestigkeit

Bei Raumtemperatur-Dauerschwingversuchen werden die Wechselfestigkeitswerte durch die zumeist angewandten Prüffrequenzen von etwa 500 bis 15 000/min praktisch nicht beeinflußt. Aus Zug-Druck-Dauerversuchen ist bekannt (38), daß die Wechselfestigkeitswerte verschiedener Stähle bei einer Frequenz von 30 000/min gegenüber einer solchen von 500/min um 0 bis 15 % erhöht werden. Bei einer Beurteilung des Frequenzeinflusses auf das Ergebnis der Dauerschwingversuche in der Wärme ist zu beachten, daß bei diesen Versuchen eine auf die Werkstoffprobe aufgebrachte Wechselspannung, besonders deren Mittel- und Oberspannung, infolge der ständigen hin- und hergehenden Verformungswechsel, nur für Bruchteile der gesamten Versuchszeit einwirkt. Es muß also angenommen werden, daß die unter Wechselbelastung in der Wärme auftretenden Verformungen von der Beanspruchungszeit oder -geschwindigkeit abhängen, so daß ein Werkstoff nicht die gleiche Dehnung bzw. Dehngeschwindigkeit erreichen kann, die eine ruhende Beanspruchung gleicher Höchstspannung (Oberspannung) hervorrufen würde.

Über den Einfluß der Frequenz auf die Wechselfestigkeit von Stählen bei höheren Temperaturen liegen nur vereinzelt Angaben im älteren (39, 40) und neueren (21, 32, 41) Schrifttum vor. In Abbildung 4 sind die von H.F. MOORE und N.J. ALLEMAN (39) an einem unlegierten Stahl für verschiedene Temperaturen und Frequenzen erhaltenen Versuchswerte zusammengestellt. Nach Abbildung 4a werden die Lastspielzahlen mit wachsender Frequenz bei jeweils gleicher Wechselspannung, besonders im Bereich der Zeitfestigkeit,

Forschungsberichte des Wirtschafts- und Verkehrsministeriums Nordrhein-Westfalen

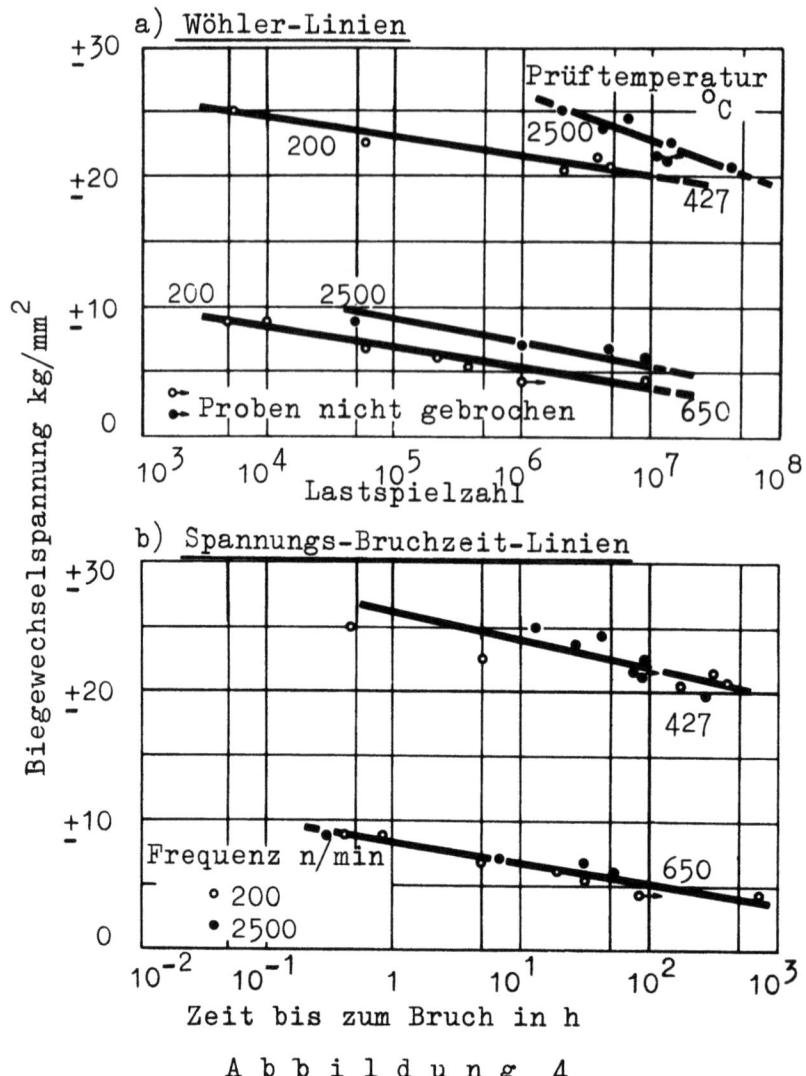

Abbildung 4

Einfluß der Prüffrequenz auf Lastspielzahl und Bruchzeit eines unlegierten Stahles mit rd. 0,17 % C bei hohen Temperaturen [nach Versuchen von H.F. MOORE und N.J. ALLEMAN (39)] Biegewechselversuch: Proben-Dmr. = 7,6 mm

zu höheren Werten verschoben. Trägt man jedoch die Wechselspannungswerte für die verschiedenen Prüffrequenzen und Temperaturen in Abhängigkeit von der Bruchzeit auf, Abbildung 4b, so lassen sich die Versuchswerte mit verhältnismäßig geringer Streuung jeweils einer gemeinsamen Spannungs-Bruchzeitlinie zuordnen. Dies bedeutet, daß auch bei Dauerschwingversuchen in der Wärme der Zeiteinfluß der Beanspruchung vorherrschend ist und nicht die Frequenz, d.h. die Lastspielzahl in der Zeiteinheit. P.G. FORREST und H.J. TAPSELL (32, 41) ermittelten gleichfalls an Vollstäben eines unlegierten Stahles mit 0,17 % C bei 400, 450 und 500° die Wöhler-Linien für die Frequenzen von 10, 30, 120, 500, 2000 und 8000/min, und zwar im Bereich der Bruchzeiten von rd. 0,1 bis 1000h. Unter Berücksichtigung der bei diesen Biegewechselversuchen durch Relaxation und plastische Verformung geänderten Spannungsverteilung wurden die wahren Spannungen berechnet und festgestellt, daß die für die verschiedenen Frequenzen erhaltenen Versuchswerte sich einer gemeinsamen Spannungs-Bruchzeitlinie zuordnen lassen.

An einer allgemeinen Gültigkeit dieses Befundes, der noch für weitere Stähle und für einen größeren Frequenzbereich, z.B. zwischen 0 und 15 000/min unter Zugdruck-Wechselbeanspruchung nachzuprüfen wäre, muß jedoch gezweifelt werden, wie dies die Vergleichsauswertungen von Zeitstand- und Dauerschwingversuchen in Abschnitt XI noch zeigen werden. Ebenso zeigen Untersuchungen an Werkstoffen mit niedriger Rekristallisationstemperatur (23, 42) sowie an Al-Legierungen (41), daß eine Verallgemeinerung des in Abbildung 4 für einen unlegierten Stahl wiedergegebenen Befundes nicht möglich ist. Aus Biegewechselversuchen an Bleiproben bei Raumtemperatur mit Frequenzen von etwa 6/Tag bis 5/min (42) und von 1/min bis 248/min (23) geht hervor, daß sich die Wöhler-Linien mit wachsender Frequenz zu höheren Lastspielzahlen, die Spannungs-Bruchzeitlinien aber zu niedrigeren Bruchzeiten verschieben. Der Frequenzeinfluß ist bei dem Werkstoff Blei besonders deutlich im Bereich der Zeitfestigkeit ausgeprägt. Für das Gebiet der Wechselfestigkeit, für das leider keine Versuchswerte angegeben sind, ist anzunehmen, daß der Einfluß der Prüffrequenz auf die Höhe der ertragbaren Wechselverformungen bzw. -spannungen wesentlich geringer ist.

V. Mittelspannung und Dauerschwingfestigkeit

Stähle des Rohr-, Kessel- und Turbinenbaues unterliegen vielfach einer ständig wirkenden ruhenden Belastung (Mittelspannung σ_m), der sich zusätzliche Schwingungen veränderlicher Größe ($\pm \sigma_a$) überlagern. Die Nachahmung dieser durch die Beziehung $\sigma_D = \sigma_m \pm \sigma_a$ gekennzeichneten Beanspruchung [1] erfolgt durch Dauerversuche nach dem Wöhler-Verfahren bei verschiedenen Mittelspannungen (37).

---

1. Es bedeuten: σ_D = Dauerschwingfestigkeit, σ_m = Mittelspannung und $\pm \sigma_a$ = Spannungsausschlag (vgl. Abb. 1)

Forschungsberichte des Wirtschafts- und Verkehrsministeriums Nordrhein-Westfalen

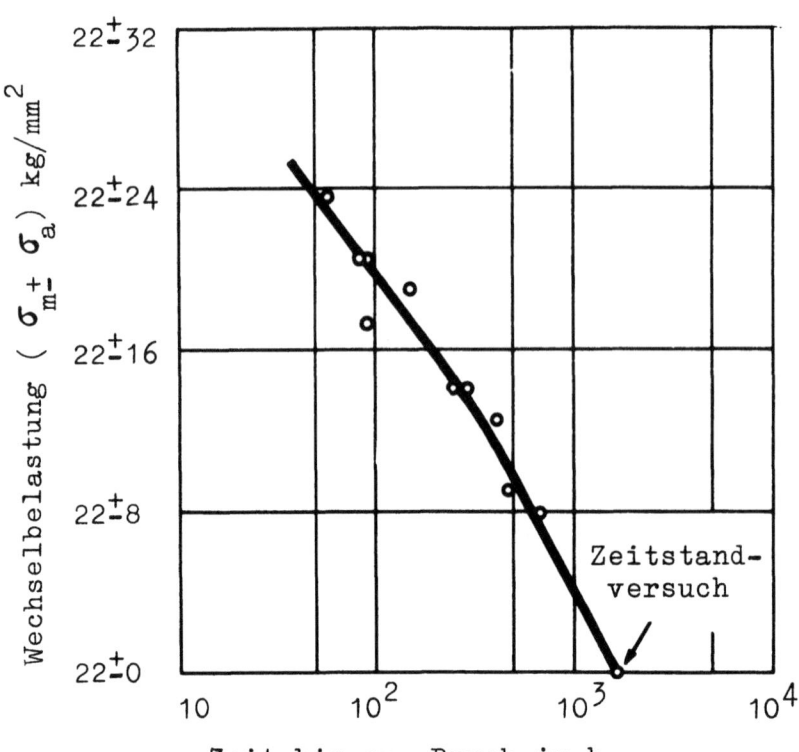

A b b i l d u n g 5

Spannungs-Bruchzeit-Linie für Nimonic 80 [nach H.J. TAPSELL (29)]
Nimonic 80: 0,10 % C, 1 % Si, 1 % Mn, 22 % Cr, 1,5/3,0 % Ti,
0,5/1,0 % Al, 5 % Fe, Rest Ni. Zug-Druck-Dauerversuche:
$n = 2200/min$; σ_m = konst. = 22 kg/mm^2

Ein Auswertungsbeispiel derartiger Versuche (29) enthält Abbildung 5 für den Stahl Nimonic 80 bei 700°. Diese Abbildung gibt den Einfluß des Spannungsausschlages $\pm \sigma_a$ bei <u>gleichbleibender</u> Mittelspannung σ_m = 22 kg/mm^2 auf die Zeit bis zum Bruch wieder. Danach nimmt die Bruchzeit mit wachsendem Spannungsausschlag, d.h. mit wachsender Oberspannung der Wechselbelastung ($\sigma_o = \sigma_m + \sigma_a$), ab.

Der Versuchswert für den Spannungsauschlag Null (22 $\pm$ 0 kg/mm^2) entspricht dabei der unter ruhender Belastung, d.h. im Zeitstandversuch, ermittelten Bruchzeit.

Werden diese Versuche mit verschiedenen Mittelspannungen bei verschiedenen Temperaturen ausgeführt, so lassen sich aus den Wöhler- bzw. Spannungs-Bruchzeit-Linien die bei den verschiedenen Mittelspannungen ertragbaren Spannungsausschläge für eine vorgegebene Beanspruchungsdauer von z.B. 300 h bestimmen. Die schaubildliche Auswertung der Wertepaare von Spannungs-

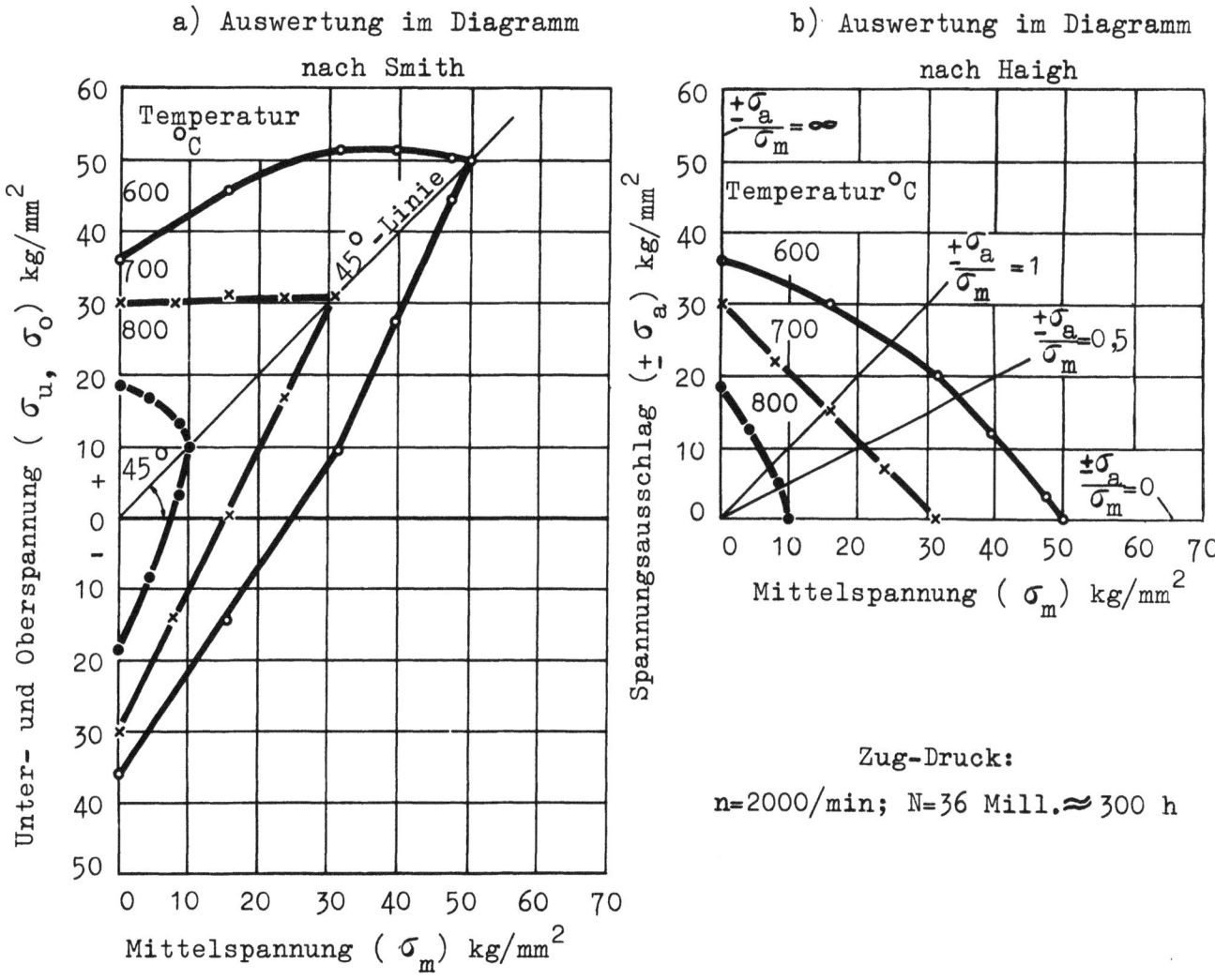

Abbildung 6

Dauerfestigkeits-Schaubilder von Nimonic 80 für 600, 700 und 800 °C [nach Versuchen von Bristol Airplane Comp. (43)]

ausschlag und Mittelspannung erfolgt zumeist in Form von Dauerfestigkeits-Schaubildern, wie sie für den Stahl Nimonic 80 in Abbildung 6 für die Temperaturen von 600, 700 und 800° dargestellt sind (43). Teilabbildung a enthält die Auftragung in Form der bekannten Schleifendiagramme, bei denen die auf der 45°-Linie liegenden Endpunkte die Zeitstandfestigkeiten und die Ordinaten für die Mittelspannung Null jeweils die Wechselfestigkeitswerte darstellen. Je nach der Höhe der Prüftemperatur ist der Verlauf der oberen Grenzspannungslinien unterschiedlich. Während bei 600° die oberen Grenzspannungswerte bis zur Zeitstandfestigkeit mit wachsender Mittelspannung ansteigen und bei 700° praktisch unverändert bleiben, nehmen diese Werte bei 800° beträchtlich ab.

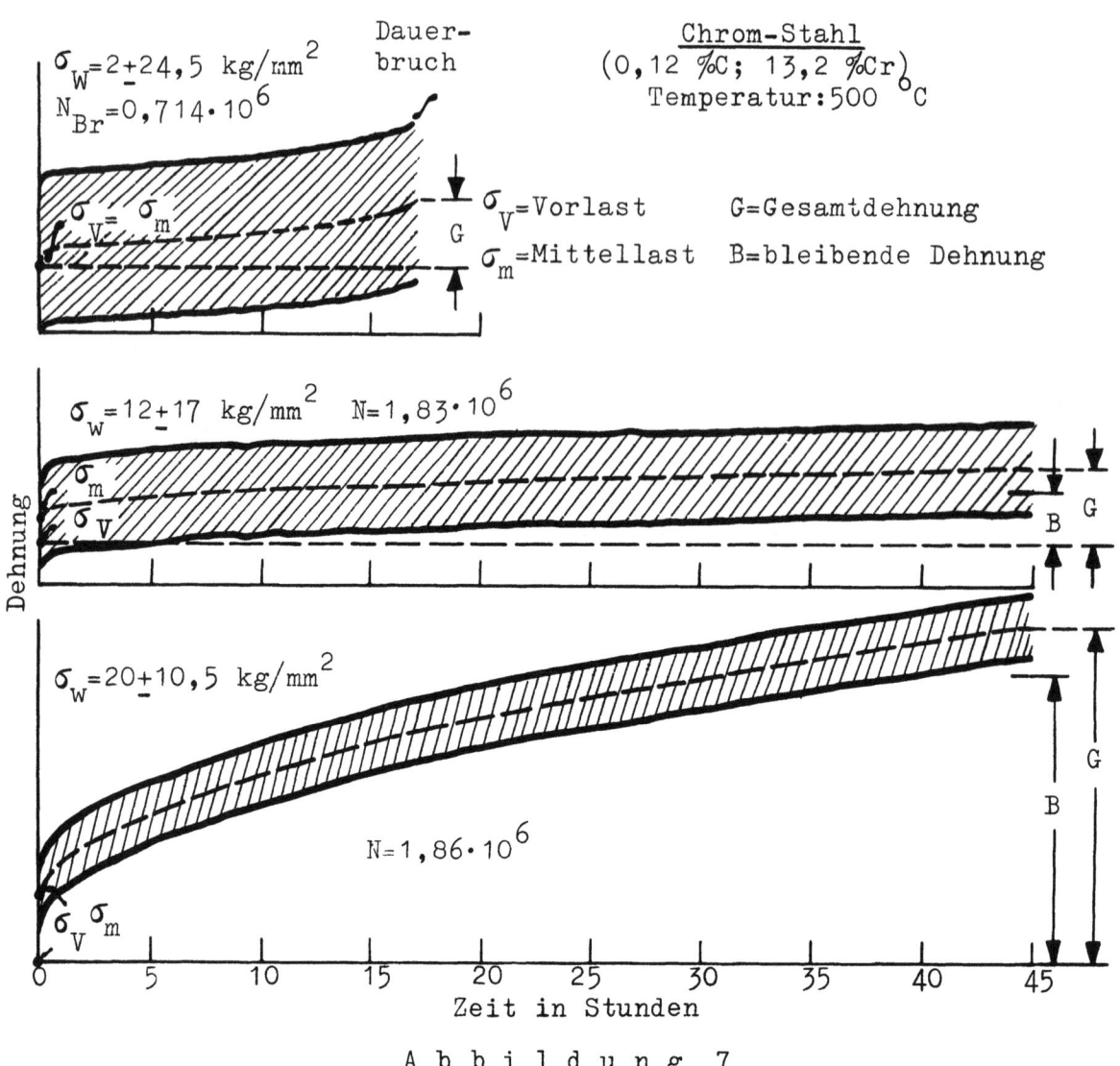

Abbildung 7

Zeit-Dehnungs-Linien eines Chromstahles für verschiedene Wechselbelastungen bei 500° [nach M. HEMPEL und H. KRUG (27)]

In Teilabbildung b sind die Spannungsausschläge in Abhängigkeit von der Mittelspannung aufgetragen; diese Auswertung stellt eine weitere Form des Dauerfestigkeits-Schaubildes dar, aus dem durch Einzeichnung der den verschiedenen Verhältniswerten von Spannungsausschlag zu Mittelspannung ($\pm \sigma_a / \sigma_m$) entsprechenden Linien ebenfalls die Festigkeitswerte für die verschiedenen Beanspruchungsfälle entnommen werden können; $\pm \sigma_a / \sigma_m = \infty$ gibt die Zugdruck-Wechselfestigkeit wieder, $\pm \sigma_a / \sigma_m = 1$ kennzeichnet die Zugschwellfestigkeit und auf der Linie $\pm \sigma_a / \sigma_m = 0$ sind die Zeitstandfestigkeiten eingetragen. Auch aus diesen Kurven läßt sich die gleichzeitige Einwirkung von ruhender und wechselnder Belastung auf die Höhe der ertragbaren Festigkeitswerte für verschiedene Temperaturen entnehmen.

Zur Feststellung der Grenzspannungslinien im Dauerfestigkeitsschaubild ist die Anwendung des Wöhler-Verfahrens so lange zu rechtfertigen, als keine unzulässigen Formänderungen der Prüfstäbe auftreten. In früheren Untersuchungen des Instituts (27, 34, 44, 45) wurde festgestellt, daß die bei höheren Temperaturen und Mittelspannungen wechselbeanspruchten Stähle Fließerscheinungen aufweisen. Der Verlauf der Zeit-Dehnungs-Schaulinien unter Wechsellast erfolgt nach Abbildung 7 in ähnlicher Weise wie bei den unter ruhender Belastung erhaltenen Zeit-Dehnungslinien des Zeit- oder Dauerstandversuches (27). Während sich bei ruhender Belastung eine einzelne Zeit-Dehnungslinie ergibt, zeichnet sich unter wechselnder Belastung ein Lichtband auf, dessen Breite dem jeweiligen Spannungsausschlag entspricht. In beiden Belastungsfällen ist im allgemeinen nach Aufgabe der Last in den ersten Versuchsstunden ein schnelleres Dehnen und dann eine Abnahme der Dehngeschwindigkeit festzustellen. Auf den Fließverlauf wirkt nach Abbildung 7 die Mittelspannung und der Spannungsausschlag und damit die Größe der Oberspannung ein. In Abbildung 8 ist in schematischer Darstellung der Dehnungsverlauf eines Stahles für die Temperatur von 500° bei konstanter Prüffrequenz, Oberspannung und Beanspruchungsdauer in Abhängigkeit von der <u>Mittelspannung</u> wiedergegeben. Bei reinen Wechselversuchen (Mittelspannung = Null) ist der Dehnungsbetrag während des gesamten Dauerschwingversuches äußerst gering; mit wachsender Mittelspannung nimmt die Dehnung zu und erreicht im Grenzfall für ruhende Belastung den Dehnungswert des Zeitstandversuches.

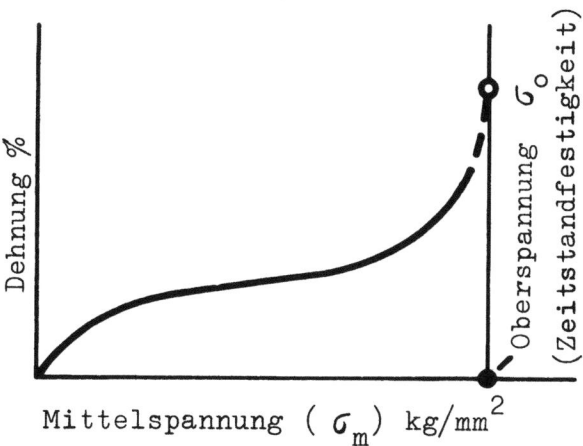

A b b i l d u n g   8

Verlauf der Dehnung für verschiedene Mittelspannungen bei konstanter
Oberspannung und Temperatur sowie Prüffrequenz und
Beanspruchungsdauer (schematisch)

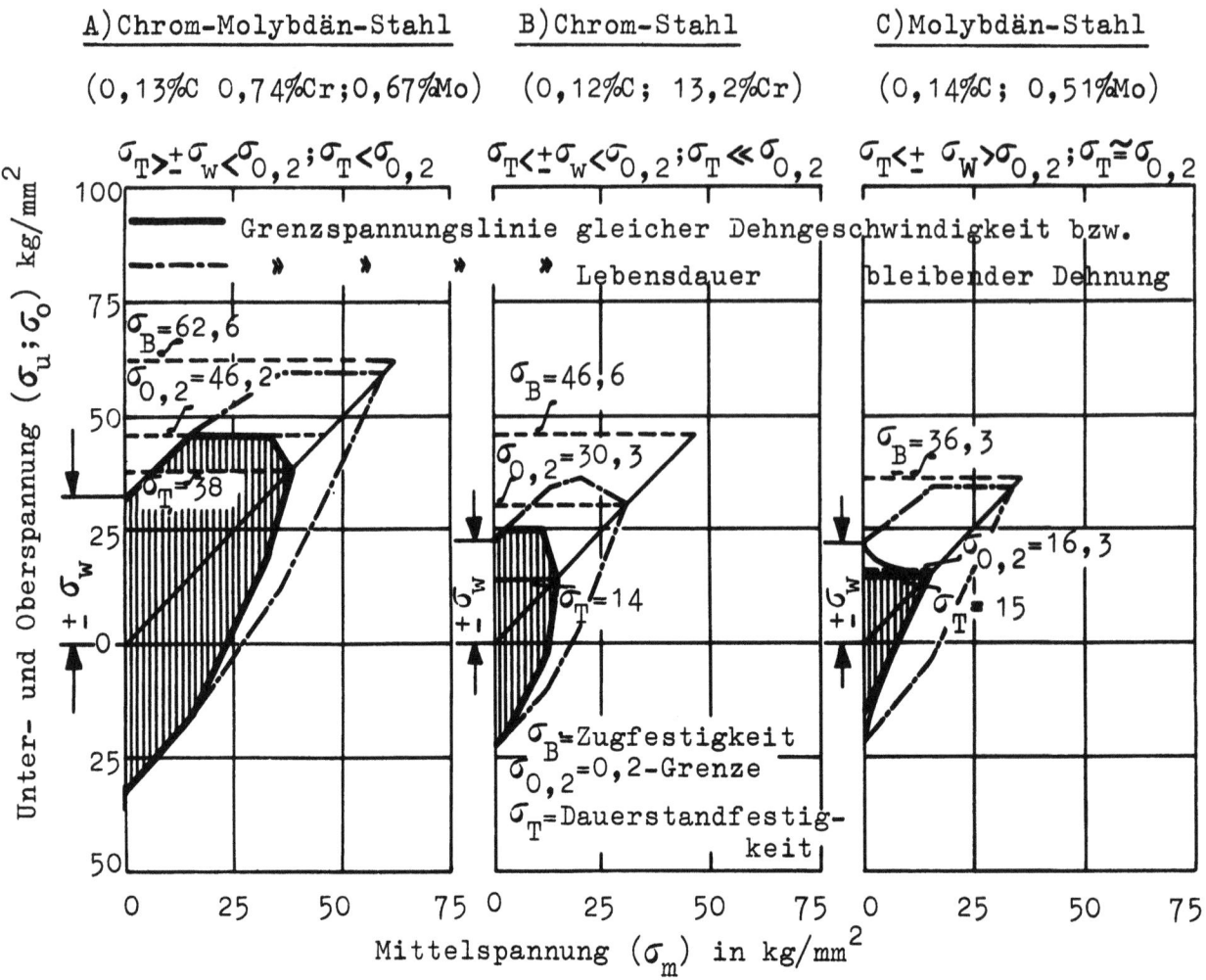

Abbildung 9

Dauerfestigkeits-Schaubilder von Stählen bei 500° mit und ohne Berücksichtigung der zeitlichen Dehnungsänderungen [nach M. HEMPEL und H. KRUG (27)]
σ_B = Warmzugfestigkeit; $\sigma_{0,2}$ = Warmstreckgrenze;
σ_T = DVM-Dauerstandfestigkeit; σ_W = Zug-Druck-Wechselfestigkeit (n = 666/min, N = 2 Mill. bzw. 50 h)

Nach den vom Institut durchgeführten Untersuchungen (27, 34, 44, 45) ist die Bestimmung der Dauerschwingfestigkeit bei höheren Mittelspannungen nach dem Wöhler-Verfahren unter gleichzeitiger Messung der Dehnung erforderlich, um die wahre Belastbarkeit eines Werkstoffes in der Wärme gegen Bruch und Verformung zu erhalten. Während das Wöhler-Verfahren Grenzspannungslinien gleicher Lebensdauer ergibt, umfassen die nach dem Dehnungsmeßverfahren bestimmten Grenzspannungslinien einen Belastungsbereich zulässiger Dehngeschwindigkeit bzw. bleibender Dehnung. Auf diese Weise ergeben sich, wie Abbildung 9 zeigt (27), zwei unterschiedliche Abgrenzungen des Dauerfestigkeits-Schaubildes, die den Belastungsbereich der Bruchgefahr von dem der Dauerfestigkeit und ferner das Gebiet der Dauerfestigkeit in ein Gebiet zulässiger (schraffierter Bereich) und unzulässiger Dehnungen trennen. Je nach Stahlart weisen die sich nach beiden Auswertungsverfahren ergebenden Belastungsbereiche erhebliche Unterschiede auf; ausschlaggebend hierfür sind neben den Prüftemperaturen sowohl die im Warmzerreiß- bzw. Zeitstandversuch ermittelten Festigkeitswerte als auch die Neigung der Stähle zum Fließen. Bei Festlegung der Grenzspannungslinien in Abbildung 9 sind die Bereiche der zulässigen Dehnung durch die Bedingung festgelegt worden, daß die bleibende Dehnung nach rd. 45 h den Wert von 0,2 % sowie die Dehngeschwindigkeit in der 25. bis 35. h einen solchen von 10×10^{-4} %/h nicht überschreiten soll. An dieser Stelle sei die Problematik dieses Verfahrens nicht näher berührt. Es muß jedoch darauf hingewiesen werden, daß die hier verwendeten Bedingungen nicht allgemein gültig sind und daß der Verlauf der Grenzspannungslinien im Dauerfestigkeits-Schaubild von den als zulässig vorgegebenen Werten der bleibenden Dehnung bzw. Dehngeschwindigkeit abhängt.

VI. Kerbwirkung und Dauerschwingfestigkeit

Für praktische Bauteile werden die Werkstoffe selten mit idealer Oberflächenbeschaffenheit, sondern meist mit Walzhaut oder in geschweißten Verbindungen sowie mit Querschnittsübergängen wie Gewinde, Bohrungen, Hohlkehlübergängen u. ähnl. verwendet. Aus Versuchen an Stäben mit Querschnittsübergängen unter ruhender Last bei Raumtemperatur ist bekannt, daß eine derartige Kerbwirkung eine beträchtliche Spannungserhöhung im Kerbgrund hervorruft, ohne daß jedoch die vom gefährdeten Querschnitt ertragbare Bruchlast verringert wird. Anders liegen die Verhältnisse bei wechselnder Beanspruchung (46); hier tritt in Abhängigkeit von Stahlart, Wärmebehandlung und Festigkeitsstufe eine Minderung der Wechselfestigkeit ein, wobei diese noch durch die Kerbform, Kerbtiefe und Kerbschärfe sowie durch die Beanspruchungsbedingungen wie Prüftemperatur, Korrosion, Mittelspannung u.a. beeinflußt wird. Als Kennwert für die Minderung der Wechselfestigkeit durch Kerbwirkungen ist die Kerbwirkungszahl β_k eingeführt worden; diese Zahl ergibt sich als Verhältniswert aus der Wechselfestigkeit des Vollstabes zu der des Kerbstabes (37). Der Kerbeinfluß wurde bei höheren Temperaturen zumeist in Biege- (29, 47, 48) oder Zugdruck-Wechselversuchen

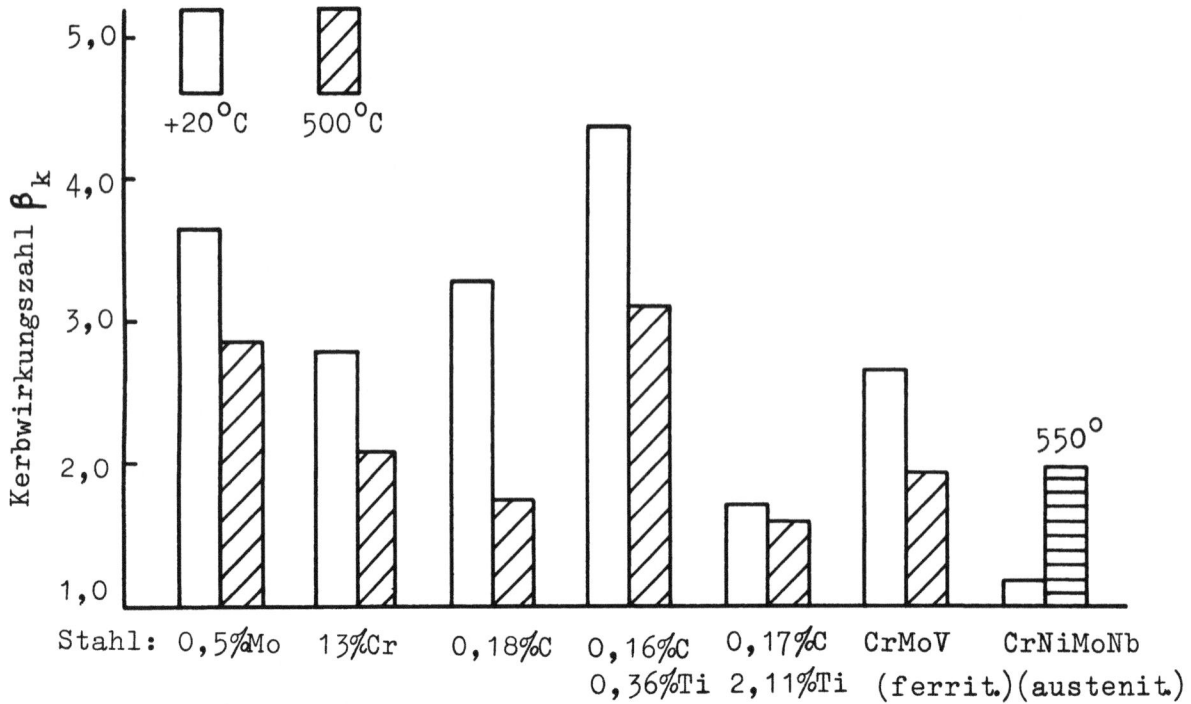

Abbildung 10

Kerbwirkungszahlen verschiedener Stähle bei 20 und 500°

<u>Zug-Druck:</u> $\sigma_m = 0$; $n = 500-1000/min$; $N = 5 \cdot 10^6$.

<u>Spitzkerb:</u> $60°$, $t = 1$ mm, $r = 0,2$ mm

(49), selten in Zugschwellversuchen (35), ermittelt. Danach ist anzunehmen, daß Stähle zwischen 20 und 400° nur geringe Änderungen der Kerbwechselfestigkeit aufweisen und praktisch die gleiche Kerbwirkungszahl besitzen. Oberhalb 400° ergibt sich meist eine Abnahme der Kerbwechselfestigkeit. Diese Abnahme beruht darauf, daß die Wechselfestigkeit der Vollstäbe bei höheren Temperaturen stärker vermindert wird als die der Kerbstäbe.

Eine Zusammenstellung der bei einer Temperatur von 20 und 500° unter Zugdruck-Wechselbeanspruchung (49) an sechs Stählen ermittelten Kerbwirkungszahlen gibt Abbildung 10 wieder. In allen Fällen ist die Kerbwirkungszahl bei 500° geringer als bei Raumtemperatur. Zum Vergleich ist in diesem Bild auch die Änderung der β_k-Zahlen eines austenitischen Stahles bei 550° gegenüber 20° eingetragen. In diesem Fall wird die Kerbwirkungszahl bei 550° erhöht, da die die Wechselfestigkeit günstig beeinflussenden Oberflächeneigenschaften wie Kaltverfestigung und Druckeigenspannungen, die von der Kerbbearbeitung herrühren, bei dieser Temperatur vermindert oder beseitigt werden.

Neben der Kerbwirkung durch Querschnittsübergänge ist bei Dauerversuchen in der Wärme, vor allem bei Versuchen mit unlegierten oder niedrig legierten Stählen in elektrisch beheizten Luftöfen von 400° an, mit einer weiteren Kerbwirkung durch Oberflächenoxydation bzw. Zunderbildung zu rechnen. Mit zunehmender Versuchsdauer wächst die Dicke der oxydierten Schicht und führt zu einer allmählichen Verringerung des tragenden Querschnittes, so daß die spezifische Spannung erhöht wird und dadurch einen vorzeitigen Bruch des Werkstoffes bewirkt.

VII. Korngröße und Dauerschwingfestigkeit

Aus Dauerschwingversuchen bei Raumtemperatur mit fein- und grobkörnigen Stählen ist bekannt (50), daß die ersteren höhere Wechselfestigkeitswerte aufweisen. Die gleiche Feststellung gilt auch für Dauerschwingversuche in der Wärme, wie Tabelle 1 zeigt (51, 52). Für beide Prüftemperaturen von 650 und 815° ist die Biegewechselfestigkeit des Stahles mit feinkörniger Gefügeausbildung um rd. 20 bis 24 % höher als bei grobkörnigem Gefüge.

Tabelle 1

Einfluß der Korngröße auf die Wechselfestigkeit bei erhöhter Temperatur [nach N.J. GRANT (51)]. Biegung: Mittelspannung $\sigma_m = 0$, Prüffrequenz n = 7200/min, Versuchsdauer: $N = 10^8$ oder rd. 230 h; Werkstoff: Ni-Cr-Co-Leg. 6059

Prüftemperatur °C	Korngröße	Biegewechselfestigkeit kg/mm^2
650	fein	± 44,5
	grob	± 36,0
815	fein	± 27,0
	grob	± 22,5

VIII. Korrosion und Dauerschwingfestigkeit

Im Hinblick auf die betriebliche Beanspruchung von Kessel- und Turbinenwerkstoffen ist die Kenntnis des Einflusses der Temperatur auf die Wechselfestigkeit bei gleichzeitigen chemischen Einwirkungen durch wässrige Lösungen oder durch Dampfatmosphäre und durch Luft-Gasgemische oder

Bleisalze besonders wichtig, wobei allerdings noch die Wirkung des Werkstoffzustandes, der Spannungsverteilung und Beanspruchungsart berücksichtigt werden muß.

Zur Feststellung des Einflusses wässriger NaOH- und Na_3PO_4-Lösungen verschiedener Konzentration auf die Dauerfestigkeit führten Cl. HOLZHAUER (53) Zugschwellversuche mit spitzgekerbten Rundproben bei 275° bis N = 2 Mill. sowie H.J. GOUGH und V. POLLARD (54) Biegeschwellversuche mit glatten, genieteten und geschweißten Flachproben bei 100° bis N = 10 Mill. durch. Unter Berücksichtigung der niedrigen Grenzlastspielzahl von 2 Mill. ergibt sich aus den Versuchen von HOLZHAUER (53) folgende Feststellung: Bei niedrigen Konzentrationen der Natronlauge-Lösungen ergibt sich durch Bildung von oxydischen Passivierungsschichten eine verminderte Korrosionswirkung und damit eine höhere Dauerfestigkeit; bei hohen Konzentrationen tritt die Minderung der Dauerfestigkeit bzw. eine erhöhte Korrosionswirkung deutlich hervor. Bei Verwendung von Trinatriumphosphat-Lösungen wird die Dauerfestigkeit ebenfalls durch Bildung von Schutzschichten (Eisenphosphat) erhöht, allerdings gegenüber NaOH-Lösungen erst bei höheren Konzentrationen.

Besonders eingehend untersuchte T.S. FULLER (55) die Einwirkung einer Dampfatmosphäre bei verschiedenen Temperaturen und Drücken auf die Biegewechselfestigkeit verschiedener Stähle. Bei Versuchen in Luft unter Bestrahlen der Proben mit Sattdampf sowie in einer Luft-Dampfatmosphäre von 77° findet eine Korrosion infolge Anwesenheit von H_2O und O_2 statt, wodurch die Wechselfestigkeit vermindert wird. In einer Dampfatmosphäre bei Temperaturen von 100 bis 370 °C und Drücken von 0 bis 1,5 at, d.h. bei Abwesenheit von H_2O und O_2, tritt dagegen nur eine verhältnismäßig geringe Beeinflussung der Wechselfestigkeitswerte ein.

Von H.E. GRESHAM und B. HALL (25) wurde die Beeinflussung der Biegewechselfestigkeiten verschiedener Werkstoffe durch Luft-Gasgemische und durch Bleisalze untersucht (Tabelle 2). Die in den Brennstoffen enthaltenen Verunreinigungen, z.B. Schwefel, führen zur Bildung von SO_2 in den Verbrennungsgasen. Die Schwingungsprüfung von Proben eines austenitischen Stahles und einer Ni-Legierung bei 700 bzw. 800° durch Einleiten eines Gemisches aus feuchter Luft und SO_2-Gas mit 0,05 und 12 % SO_2 in den Heizofen ergab jedoch keine Beeinflussung der Wechselfestigkeitswerte.

Tabelle 2

Beeinflussung der Biegewechselfestigkeit durch Korrosion mit Luft-Gasgemischen oder mit Bleisalzen (nach H.E. GRESHAM und B. HALL (25)). Biegewechselversuche: $n = 5000/\text{min}$, $N = 5 \cdot 10^7$ bis $2 \cdot 10^8$

Werkstoff	Prüftemp. °C	Korrosionsmittel	Biegewechselfestigkeit in kg/mm^2 für Lastspielzahl			
			10^6	10^7	10^8	10^9
Austenit. Stahl	700	ohne	21,5	19,0	16,0	-
	700	Luft + 0,05 % SO_2	21,5	19,0	16,0	-
Ni-Leg. (Nimonic 80)	800	ohne	20,5	16,5	14,5	-
	800	Luft + 12 % SO_2	20,5	16,5	14,5	-
Legierung DTD 49 B	700	ohne	-	22,5	20,5	-
	700	10 % C, 18,7 % PbO	27,5	19,5	12,0	-
	700 [1)]	70,6 % $PbBr_2$, 0,7 % $PbSO_4$	22,0	19,0	15,5	-
Guß-Brightray [2)]	700	ohne	16,0	14,0	~14,0	-
Kolbenring-Werkstoff	300	ohne	7,5	5,5	3,5	-
	300	91,5 % PbO, 8,5 % $PbBr_2$	7,5	5,5	3,5	-
	350	ohne	-	4,1	3,0	1,9
	350	91,5 % PbO, 8,5 % $PbBr_2$	-	3,6	2,7	1,6

1. Probe mit Schutzüberzug aus Brightray
2. Legierung auf Ni-Basis

Die Zugabe von Antiklopfmitteln, z.B. von Bleitetraäthyl, zu Motorentreibstoffen führt vielfach zur Korrosion durch Bildung von Bleisalzverbindungen, die sich vor allem auf den Ventilen von Verbrennungsmotoren niederschlagen. Zur Verringerung der Korrosion dieser Teile werden sie häufig mit einem korrosionsbeständigen Schutzüberzug versehen. Durch Eintauchen der Versuchsproben verschiedener Werkstoffe in eine Prüfflüssigkeit aus Bleisalzverbindungen wurden die Staboberflächen vor dem Schwingungsversuch mit einem dünnen und fest haftenden sowie zur Korrosion neigenden Niederschlag versehen. Während die Wechselfestigkeitswerte eines Kolbenringwerkstoffes bei 300 und 350° durch die Bleisalzschicht praktisch nicht beeinflußt werden, tritt dies umso ausgeprägter bei der Legierung DTD 94 B hervor (Tabelle 2); hier wird für eine Grenzlastspielzahl von 10^8 die Wechselfestigkeit um rd. 40 % vermindert. Werden die Proben vor dem Aufbringen der Bleisalzschicht mit einem nickelhaltigen Schutzüberzug (Brightray) versehen, so geht die Minderung der Wechselfestigkeit auf rd. 25 % zurück; es wird somit die günstige Wirkung geeigneter Schutzüberzüge zur Verringerung der Korrosion bestätigt.

IX. Oberflächenverfestigung und Dauerschwingfestigkeit

Zur Verbesserung der Dauerfestigkeit von bei Raumtemperatur schwingungsbeanspruchten Bauteilen wird vielfach eine mechanische Oberflächenbehandlung durch Kugelstrahlen oder Oberflächendrücken angewandt (56). Zur Entscheidung der Frage, ob die günstige Wirkung der genannten Oberflächen-Behandlungsverfahren auf die Dauerfestigkeit auch bei höheren Temperaturen erhalten bleibt oder nicht, sollen die Untersuchungen von A. POMP und M. HEMPEL (57) an Ventilfedern sowie von W. BERTRAM (58) an Gewindestäben herangezogen werden.

Die an Ventilfedern erhaltenen Dauerfestigkeitswerte (57) bestätigen, daß diese Werte durch Kugelstrahlen bei Raumtemperatur erhöht werden. Doch geht die günstige Wirkung des Kugelstrahlens beim Schwingen der Federn bereits bei einer Temperatur von 250° praktisch vollkommen verloren; denn die Dauerfestigkeiten der Federn mit nicht verfestigter und kugelgestrahlter Oberfläche sind annähernd gleich.

Die von BERTRAM (58) bei verschiedenen Temperaturen an Stäben mit ungedrückter und gedrückter Oberfläche erhaltenen Dauerfestigkeiten zeigen, daß bei glatten Vollstäben die Wirkung des Oberflächendrückens je nach der Stahlart bei Temperaturen von 400 bis 500° ebenfalls verloren geht; bei den Gewindestäben, d.h. Stäben mit Kerbwirkung, tritt dies erst bei Temperaturen von rd. 600° ein.

Bei der Beurteilung der hier vorliegenden Ergebnisse sind die unterschiedlichen Versuchsbedingungen besonders zu beachten; neben Unterschieden der Probenform, der Versuchswerkstoffe und Festigkeitsstufen sind dies vor allem das Verfestigungsverfahren (Oberflächendrücken und Kugelstrahlen), die Höhe der Mittelspannung (0 und 60 kg/mm^2) und die Grenzlastspielzahl (N = 2 und 10 Mill.).

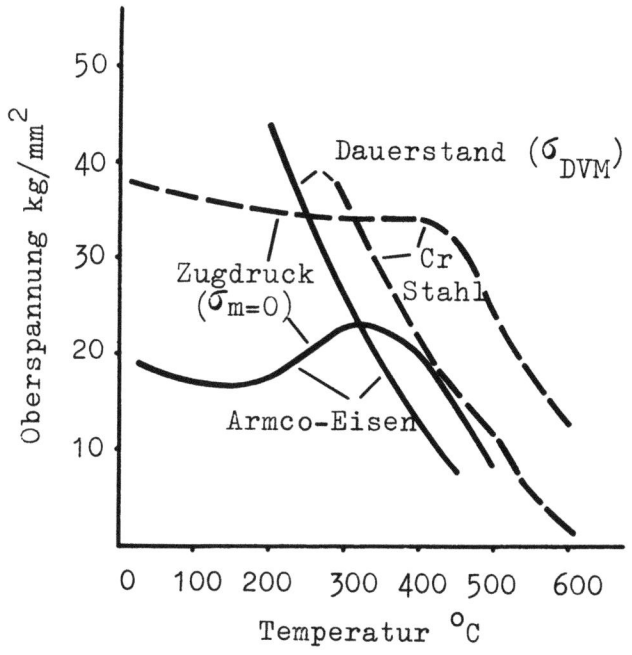 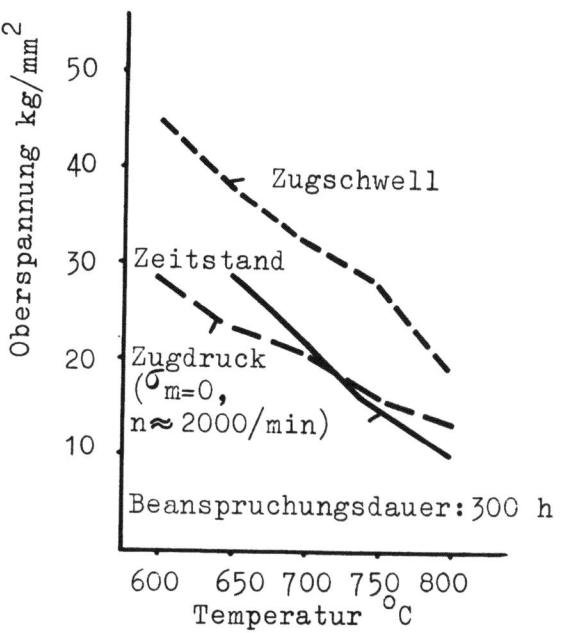

Abbildung 11
Temperatur-Abhängigkeit der DVM-Dauerstandfestigkeit und Zugdruck-Wechselfestigkeit von Stählen (ältere Versuchswerte). Ausgezogene Kurven: Armco-Eisen, geglüht (0,02 % C), nach H.J. TAPSELL und W.J. CLENSHAW (59). Gestrichelte Kurven: Chromstahl, martensitisch (0,35 % C, 13,5 % Cr); nach O.A. WIBERG (60)

Abbildung 12
Temperatur-Abhängigkeit der Zeitstandfestigkeit und Zugdruckwechsel- bzw. Zugschwellfestigkeit einer warmfesten Sonderlegierung für eine Beanspruchungsdauer von 300 h [nach neueren Versuchen von A. DUNLOP (28)]. Legierung G 18 B: 13 % Cr, 13 % Ni, 2 % Mo, 3 % Nb, 10 % Co, 2,5 % W

X. Temperaturabhängigkeit der Festigkeitswerte bei ruhender und wechselnder Beanspruchung

Zur Ermittlung der Warmfestigkeitseigenschaften von Stählen bei höheren Temperaturen wird in älteren Untersuchungen vielfach die DVM-Dauerstandfestigkeit, nach DIN 50 117/118 mit DVM-Kriechgrenze bezeichnet, in einem Kurzprüfverfahren bestimmt. Als Wechselfestigkeitswert wird nach dem Wöhler-Verfahren die ohne Bruch ertragbare Wechselspannung für eine vorgegebene Grenzlastspielzahl ermittelt. Nach Abbildung 11 nimmt die DVM-Dauerstandfestigkeit eines Armco-Eisens (59) und eines Chrom-Stahles (60) im Temperaturbereich von 200 bis 500° rasch ab. Die Zugdruckwechselfestigkeit zeigt bis 400° nur eine geringe Änderung und erst oberhalb 400° eine rasche

Abnahme. Bei beiden Werkstoffen ist die Wechselfestigkeit für Temperaturen über 300° größer als die DVM-Dauerstandfestigkeit.

Abbildung 12 zeigt die Festigkeitswerte eines mehrfach legierten Stahles für 3 Beanspruchungsfälle im Temperaturbereich von 600 bis 800° unter Zugrundelegung der gleichen Beanspruchungsdauer (28). Danach ist dieser Werkstoff im Zugschwellbereich bis zu einer Beanspruchungsdauer von rd. 40 Mill. Lastspielen oder rd. 300 h mit höheren Oberspannungen belastbar als im Zeitstandversuch für ruhende Belastung. Die Zugdruck-Wechselfestigkeit dieses Stahles ist im Bereich der Temperaturen unter 725° kleiner als die Zeitstandfestigkeit; über 725° ist es umgekehrt. Nach diesen Versuchen gibt es eine "Umschlagtemperatur", d.h. eine Temperatur, bei der eine Umkehrung des Festigkeitsverhaltens unter ruhender und wechselnder Belastung eintritt. Dies bedeutet, daß bei Verwendung eines Stahles in einer Konstruktion den Berechnungen für Beanspruchungen in der Wärme unterhalb dieser Umschlagtemperatur die Wechselfestigkeit und oberhalb derselben die Zeitstandfestigkeit zugrunde gelegt werden muß. Eine Verallgemeinerung dieses Befundes ist allerdings erst dann möglich, wenn Ergebnisse aus langzeitigen Dauerversuchen bis 10 000 und mehr Stunden unter ruhender und wechselnder Belastung vorliegen.

XI. Zeitabhängigkeit der Festigkeitswerte bei ruhender und wechselnder Beanspruchung

In den bisherigen Untersuchungen sind zwar vielfach Ergebnisse aus Langzeit-Dauerstandversuchen und Dauerschwingversuchen an warmfesten Stählen mitgeteilt worden, doch wurde nur selten die Zeitabhängigkeit der Festigkeiten bei ruhender mit der bei wechselnder Beanspruchung in Verbindung gebracht. Eine Auswertung von älteren Versuchswerten, vorwiegend der MPA Darmstadt (Zeitstandversuche) und des MPI Düsseldorf (Dauerschwingversuche) enthalten die Abbildungen 13 bis 18 für verschiedene Stähle. Diese Abbildungen geben die Spannungs-Bruchzeitkurven von Voll- bzw. Kerbstäben für eine Versuchstemperatur von 500° bei ruhender und wechselnder Belastung wieder. Die Prüfbedingungen sind in den Legenden jeweils gesondert gekennzeichnet.

Aus Abbildung 13 bis 15 geht hervor, daß die Zeitstandfestigkeiten der Kerbstäbe unter ruhender Belastung größer als die der Vollstäbe sind. Bei den mit Nb und Ti legierten Stählen, Abbildung 17 und 18, deren Zusammen-

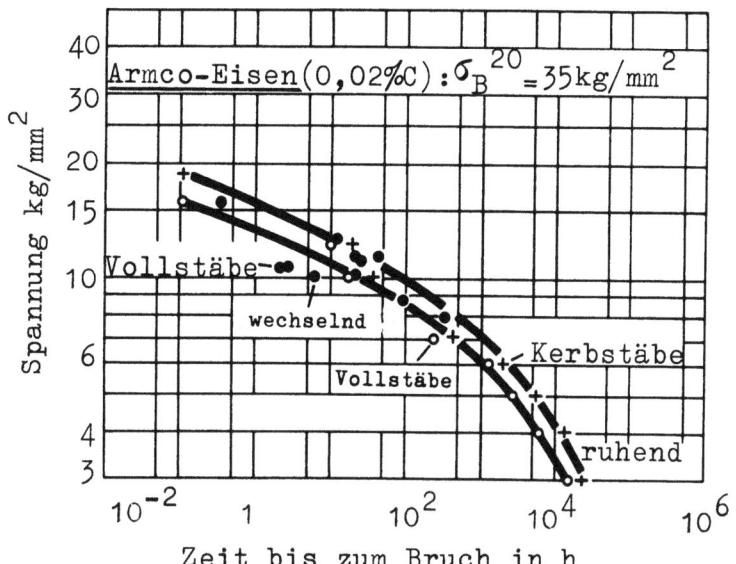

Abbildung 13

Spannungs-Bruchzeitlinien von Armco-Eisen für ruhende und wechselnde Belastung bei 500 °C

Versuche von	Belastung	chem. Zusammensetzung					$\sigma_B + 20$ kg/mm²
		C %	Si %	Mn %	P %	S %	
MPA Darmstadt	ruhend (Zug)	0,02	0,002	0,025	0,010	0,026	-
Tapsell-Clenshaw (59)	wechselnd (Zug-Druck: $\sigma_m = 0$, n = 2400/min)	0,02	Sp.	0,03	0,017	0,034	34,8

setzungen verschiedenen Versuchsschmelzen und nicht üblichen technischen Baustählen entsprechen, ist die Zeitstandfestigkeit der Kerbstäbe, vor allem im Bereich höherer Bruchzeiten, kleiner als die der Vollstäbe.

Die Zeitschwingfestigkeiten der Vollstäbe fallen lediglich bei den unlegierten Stählen (Abb. 13 und 14) mit den Zeitstandfestigkeiten unter ruhender Belastung zusammen. Bei den mit Cr und Mo sowie Nb und Ti legierten Stählen (Abb. 15 bis 18) sind die Zeitschwingfestigkeiten der Vollstäbe kleiner als die Zeitstandfestigkeiten.

Die Zeitschwingfestigkeiten der Kerbstäbe (Abb. 13 bis 16) liegen beträchtlich unter den Zeitstandfestigkeiten für ruhende Belastung. Diese

Forschungsberichte des Wirtschafts- und Verkehrsministeriums Nordrhein-Westfalen

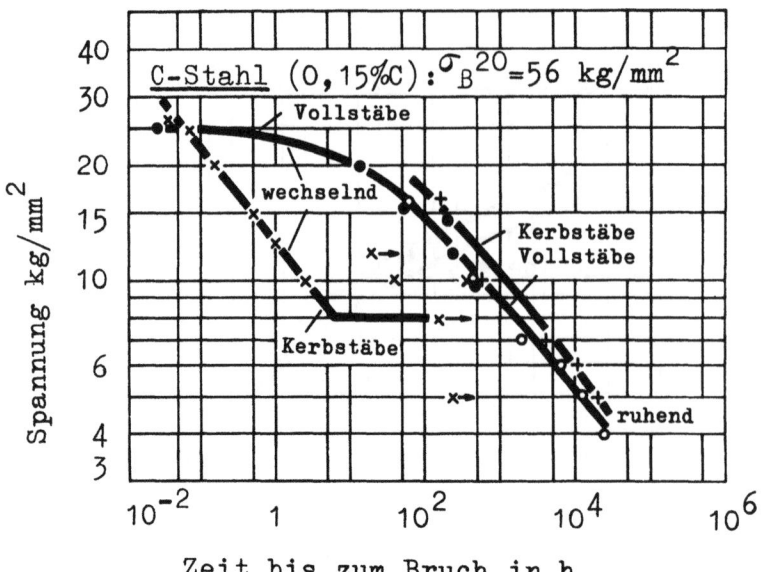

Abbildung 14

Spannungs-Bruchzeitlinien eines unlegierten Stahles mit rd. 0,15 % C für ruhende und wechselnde Belastung bei 500 °C

Versuche von	Belastung	chem. Zusammensetzung					σ_B+20 kg/mm^2
		C %	Si %	Mn %	P %	S %	
MPA Darmstadt	ruhend (Zug)	0,13	0,14	0,52	0,044	0,040	-
MPI Düsseldorf	wechselnd (Zug-Druck: σ_m = 0, n = 666/min)	0,17	0,30	0,64	0,011	0,020	56

Stähle sind also bei Wechselbelastungen und einer Temperatur von 500° noch kerbempfindlich. Die Versuche an Kerbstäben zeigen besonders deutlich, daß die Zerrüttungsvorgänge bei höheren Temperaturen und wechselnden Beanspruchungen wesentlich früher eintreten als bei ruhender Beanspruchung. Doch reichen die bisher vorliegenden Versuche nicht aus, eine allgemein gültige Gesetzmäßigkeit über den Einfluß von Werkstoffart oder -zustand auf diese Vorgänge abzuleiten. Hierzu sind vor allem noch Dauerschwingversuche an Kerbstäben bei höheren Mittelspannungen sowie Dauerversuche bei verschiedenen Prüffrequenzen erforderlich.

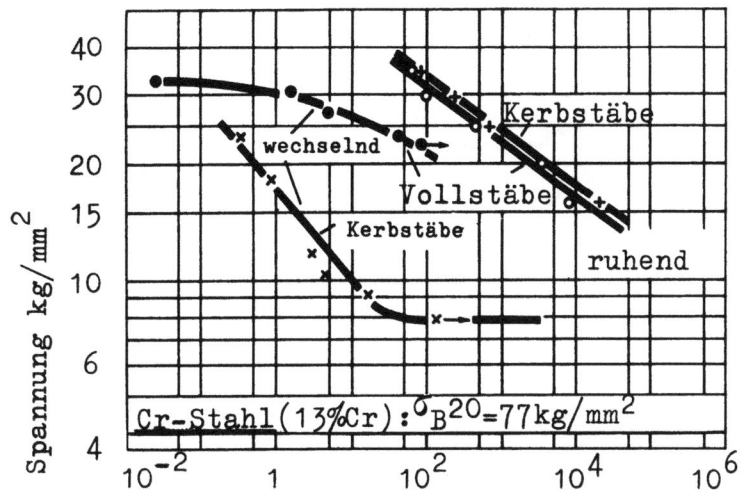

Abbildung 15

Spannungs-Bruchzeitlinien eines Chromstahles (13 % Cr)
für ruhende und wechselnde Belastung bei 500 °C

Versuche von	Belastung	chem. Zusammensetzung							σ_B+20 kg/mm²
		C %	Si %	Mn %	P %	S %	Cr %	Ni %	
MPA Darmstadt	ruhend (Zug)	0,20	0,79	0,41	0,024	0,013	13,8	0,36	rd. 80
MPI Düsseldorf	wechselnd (Zug-Druck: σ_m = 0, n = 666/min)	0,12	0,49	0,47	0,018	0,040	13,2	0,08	77

XII. Folgerungen

Die bisher unter Wechselbeanspruchung in der Wärme durchgeführten Versuche haben über viele Einzelfragen wertvolle Ergebnisse gebracht, doch reichen die hieraus gewonnenen Erkenntnisse bei weitem nicht aus, um eine physikalische Deutung der im Werkstoff unter derartigen Beanspruchungsbedingungen ablaufenden Vorgänge zu geben. Dies umso mehr, da eine Deutung der Temperaturabhängigkeit von Dauerstand- und Dauerschwingfestigkeit beispielsweise aus der Theorie der Kristallplastizität, wegen unserer geringen Kenntnisse der physikalischen Grundvorgänge beim Dauerbruch (61, 63), zur Zeit noch nicht möglich ist (64, 65). Hinzu kommt als weitere Schwie-

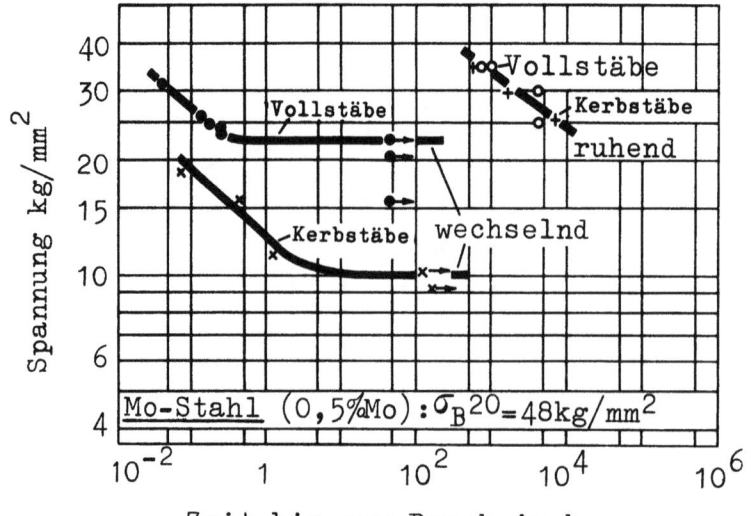

Abbildung 16

Spannungs-Bruchzeitlinien eines Molybdänstahles (0,5 % Mo)
für ruhende und wechselnde Belastung bei 500 °C

Versuche von	Belastung	chem. Zusammensetzung							σ_B+20 kg/mm²
		C %	Si %	Mn %	P %	S %	Cr %	Mo %	
MPA Darmstadt	ruhend (Zug)	0,165	0,29	0,77	-	-	-	-	-
MPI Düsseldorf	wechselnd (Zug-Druck: $\sigma_m = 0$, n = 666/min)	0,140	0,27	0,43	0,009	0,005	0,06	0,51	48

rigkeit, daß sich während einer langzeitigen ruhenden und wechselnden Beanspruchung von Stählen in der Wärme gleichzeitig mehrere Vorgänge abspielen (66), die durch die Begriffe elastische und plastische Verformung, Verfestigung, Erholung, Rekristallisation, Ausscheidung, Gefügeänderung u.a. gekennzeichnet sind.

Eine der Hauptaufgaben bei der Durchführung von Warmschwingversuchen muß darin bestehen, die Temperaturabhängigkeit der Festigkeitswerte in Verbindung mit den Spannungs-Bruchzeitkurven für verschiedene Beanspruchungsfälle zu bestimmen (67), wie dies in Abbildung 19 schematisch dargestellt ist.

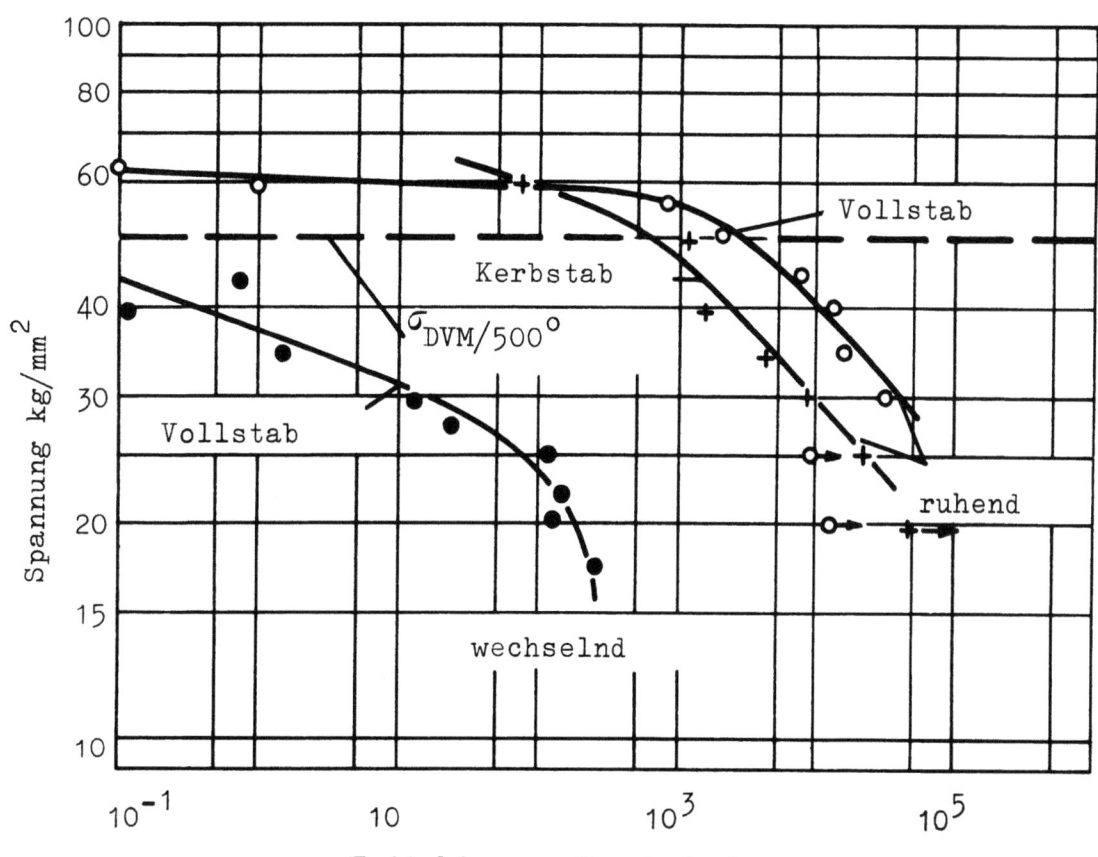

Abbildung 17

Spannungs-Bruchzeitlinien eines Niobstahles für ruhende und wechselnde Belastung bei 500 °C

Versuche von	Belastung	chem. Zusammensetzung[1]							σ_B+20 kg/mm^2
		C %	Si %	Mn %	P %	S %	Nb %	Ta %	
MPA Darmstadt	ruhend (Zug)	0,11	0,30	0,32	0,020	0,022	1,32	0,05	83
MPI Düsseldorf	wechselnd (Zug-Druck: $\sigma_m = 0$, n = 666/min)	0,11	0,30	0,32	0,020	0,022	1,32	0,05	83

1. Wärmebehandlung: 1300°/Wasser, 1 h/650°/Luft

Bei der in Teilabbildung a wiedergegebenen Temperaturabhängigkeit der Festigkeitswerte ist angenommen, daß eine Umschlagtemperatur im Bereich von T_2 und T_3 tatsächlich besteht, bei der sich also das Verhalten der Festig-

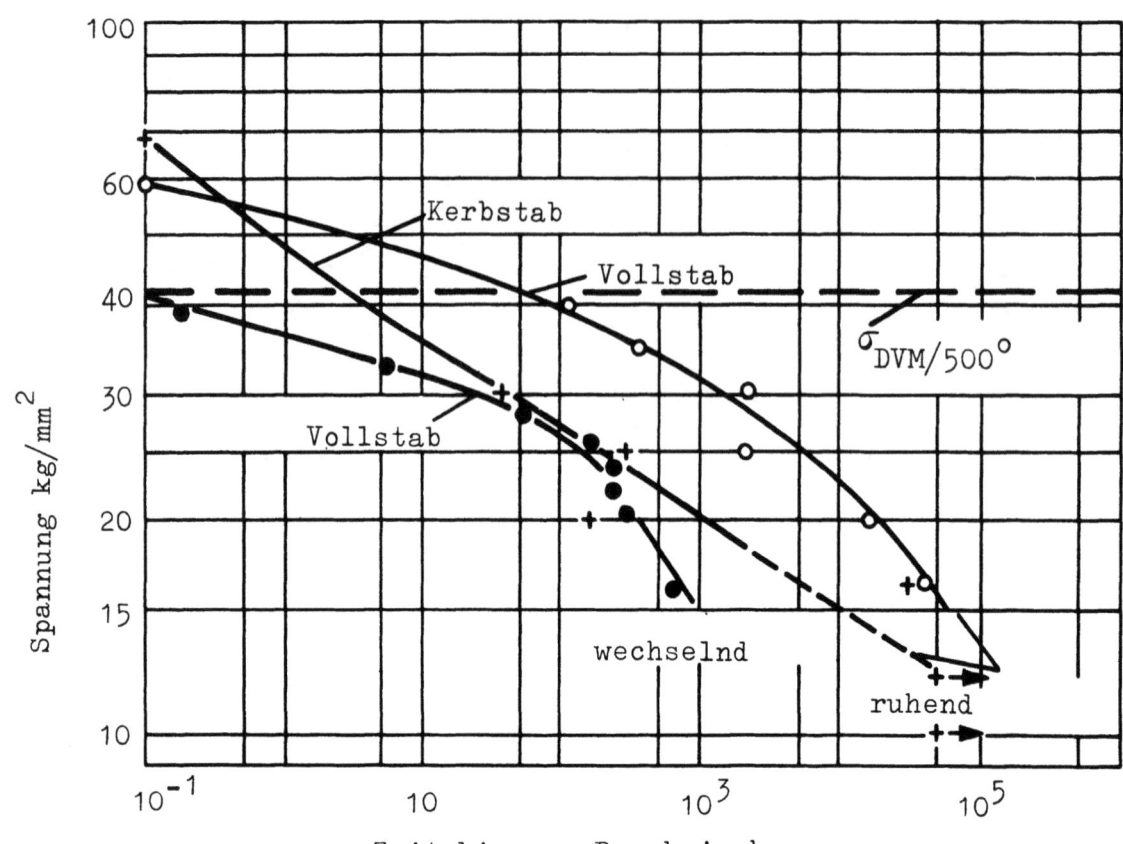

Abbildung 18

Spannungs-Bruchzeitlinien eines Titanstahles für ruhende und wechselnde Belastung bei 500 °C

Versuche von	Belastung	chem. Zusammensetzung[1]						$\sigma_B + 20$ kg/mm²
		C %	Si %	Mn %	P %	S %	Ti %	
MPA Darmstadt	ruhend (Zug)	0,10	-	-	-	-	0,90	85
MPI Düsseldorf	wechselnd (Zug-Druck: $\sigma_m = 0$, n = 666/min)	0,15	0,36	0,53	0,010	0,008	0,73	84

1. Wärmebehandlung: 1200°/Wasser, 1 h/600°/Luft

keitswerte bei ruhender und wechselnder Belastung umkehrt und die vor allem von der Stahlart und vom Werkstoffzustand abhängig sein wird. Teilabbildung b soll veranschaulichen, wie sich Lage und Höhe der Spannungs-

a) Temperaturabhängigkeit der Festigkeitswerte für verschiedene Beanspruchungsfälle

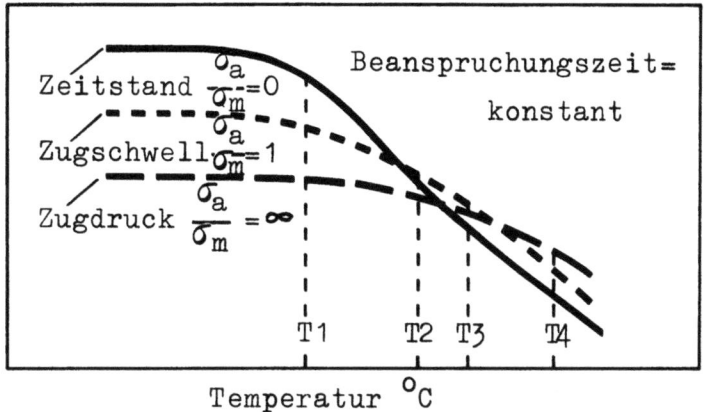

b) Zeit- Bruchspannungskurven für verschiedene Temperaturen und Beanspruchungsfälle

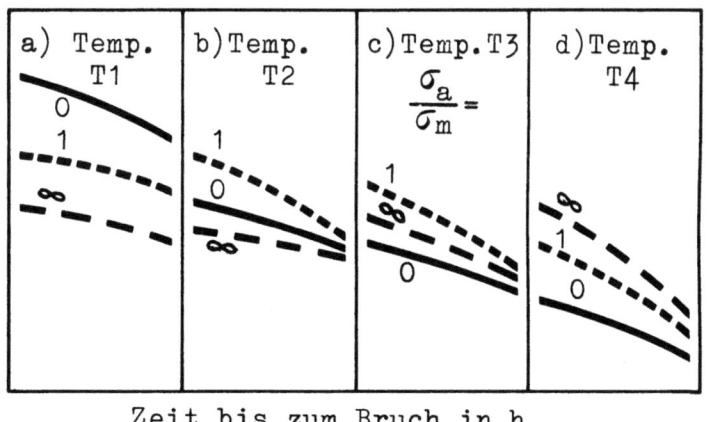

Abbildung 19
Temperatur- und Zeitabhängigkeit der Festigkeitswerte
für verschiedene Beanspruchungsfälle (schematisch)

Bruchzeit-Linien für die verschiedenen Beanspruchungsfälle bei den vier gewählten Temperaturen ändern.

Um Aufschluß über die hierbei auftretenden Fließvorgänge zu erhalten, sind die Warmschwingungsversuche unter gleichzeitiger Messung der Gesamt- oder bleibenden Verformung auszuführen; denn der für höhere Mittelspannungen und Temperaturen gültige Dauerfestigkeitswert ist noch durch die Angabe einer zulässigen Dehnung oder Dehngeschwindigkeit zu kennzeichnen. Bei Schwingungsversuchen mit der Mittelspannung Null ist die Dehnung während des gesamten Versuchsablaufes im allgemeinen äußerst gering, während bei Zeitstandversuchen oder Dauerschwingversuchen bei erhöhten Mittelspannungen fast stets mit dem Auftreten größerer Dehnbeträge zu rechnen ist. In Verbindung hiermit erhält die Klärung der Frage, ob der unterschiedliche Verlauf der Spannungs-Bruchzeit-Linien bei ruhender und wechselnder Belastung durch die Höhe der Dehnungen oder durch die verschiedenen Prüffrequenzen bedingt ist, eine besondere Bedeutung.

Betrachtet man zusammenfassend die in den bisherigen Abschnitten dargestellten Einflüsse auf das Verhalten von Stählen in der Wärme unter wechselnder Beanspruchung, so ist festzustellen, daß die Fortführung derartiger Versuche unter Berücksichtigung folgender Punkte notwendig ist:

a) Ermittlung der Dauerstand- und Dauerschwingfestigkeit für langzeitige Beanspruchungen an warmfesten Stählen bei verschiedenen Temperaturen.

b) Ermittlung des Einflusses der Mittelspannung auf die Höhe der Dauerschwingfestigkeit unter gleichzeitiger Messung der Probenverformung.

c) Ermittlung des Einflusses der Kerbwirkung auf die Dauerschwingfestigkeit bei verschiedenen Mittelspannungen und Temperaturen.

d) Bestimmung des Einflusses der Prüffrequenz auf die Dauerschwingfestigkeit bei verschiedenen Mittelspannungen und Temperaturen, besonders im Bereich der Zeit- und Wechselfestigkeit.

e) Untersuchung der Eigenschaftsänderungen und des Gefügezustandes von wechselbeanspruchten Proben mit Hilfe chemisch analytischer, röntgenographischer und metallographischer Verfahren.

Für die Bereitstellung der Mittel zur Durchführung dieser Arbeit danken wir dem Wirtschafts- und Verkehrsministerium des Landes Nordrhein-Westfalen.

                        Prof. Dr. phil. F. WEVER, Düsseldorf
                        Dr. phil. nat. M. HEMPEL, Düsseldorf
                        Max-Planck-Institut für Eisenforschung, Düsseldorf

XIII. Literaturverzeichnis

(1)	RICHARD, K.	Arch.Metallkde. 3 (1949) H. 5, S. 157/64
(2)	THUM, A. und K. RICHARD	Schweiz.Arch.angew.Wiss.Techn. 19 (1953) S. 235/45
(3)	POMP, A.	Zugversuche bei hohen Temperaturen. Hdb. Werkstoffprüfung. Hrsg.E.Siebel, Springer-Verlag, Berlin 1955, 2. Aufl., Bd. 2, S. 279/365
(4)	JENKINS, C.H.M. und H.J. TAPSELL	J.Iron Steel Inst. 171 (1952) S. 359/71
(5)		Symposium on "Strength and ductility of metals at elevated Temperatures". Amer.Soc.Test.Mater., Spec.Techn.Publ. Nr. 128 (1952)
(6)	CONWAY, C.C.	Hochwarmfeste Stähle und Legierungen. Verlag J.Newnes, London 1953
(7)	BUNGARDT, K.	Stahl u. Eisen 73 (1953) S. 1496/1503 und 75 (1955) S. 1383/89
(8)		Symposium on "Creep and Fracture of metals at high temperatures". Nat.Phys.Lab., Teddington, 31.5. bis 2.6. 1954
(9)	ORR, R.L., O.D. SHERBY und J.E. DORN	Trans.Amer.Soc.Met. 46 (1954) S. 113/28
(10)	KRISCH, A.	Stahl u. Eisen 73 (1953) S. 1349/55, 1607/12 und 1668/72; 75 (1955) S. 349/53, 422/28, 599/604 und 648/52.
(11)	ERTHAL, J.F.	Iron Age 167 (1951) Nr. 19, S. 91/95
(12)	HERBERT, D.C. und D.J. ARMSTRONG	Engineering 175 (1953) Nr. 4554, S. 605/06
(13)		Symposium on "Effect of cyclic heating and stressing on metals at elevated temperatures". Amer.Soc.Test.Mater., Spec.Techn.Publ.Nr. 165 (1954)
(14)	COFFIN, L.F.	Trans.Amer.Soc.mech.Engrs. 76 (1954) S. 931/50
(15)	ERRA, A.	Metallurgia ital. 47 (1955) Nr. 2, S. 53/62
(16)	WELCH, W.P. und W.A. WILSON	Steel 109 (1941) Nr. 21, S. 62/63; vgl. Stahl u. Eisen 63 (1943) S. 549

(17) BINDER, W.O. Iron Age 158 (1946) Nr. 19, S. 46/52 und Nr. 20, S. 92/98

(18) TOOLIN, P.R. und N.L. MOCHEL Proc.Amer.Soc.Test.Mater. 47 (1947) S. 677/94

(19) LAZAN, B.J. Proc.Amer.Soc.Test.Mater. 49 (1949) S. 757/87

(20) JONES jr., W.E. und J.B. WILKES jr. Proc.Amer.Soc.Test.Mater. 50 (1950) S. 744/62; vgl. Stahl u. Eisen 71 (1951) S. 41/42

(21) MOORE, H.F. G.R. GOHN, F.M. HOWELL und B.L. WILSON Proc.Amer.Soc.Test.Mater. 50 (1950) S. 421/24

(22) LAZAN, B.J. und L.J. DEMER Proc.Amer.Soc.Test.Mater. 51 (1951) S. 611/48

(23) DOLAN, T.J. Met.Progr. 61 (1952) Nr. 3, S. 55/60 und Nr. 4, S. 97/104

(24) FRITH, P.H. Iron Steel Inst., Spec.Rep.Nr. 43, 1952, S. 175/81

(25) GRESHAM, H.E. und B. HALL Iron Steel Inst., Spec.Rep.Nr. 43, 1952, S. 181/85

(26) DEMER, L.J. und B.J. LAZAN Proc.Amer.Soc.Test.Mater. 53 (1953) S. 839/55

(27) HEMPEL, M. und H. KRUG Mitt.K.-Wilh.-Inst.Eisenforschg. 24 (1942) S. 71/103; vgl. Arch. Eisenhüttenw. 16 (1942/43) S. 261/68 und Z.VDI 86 (1942) S. 599/605

(28) DUNLOP, A. Met.Ind. 72 (1948) S. 437/39 und S. 457/59

(29) TAPSELL, H.J. Iron Steel Inst., Spec.Rep. Nr. 43, 1952, S. 169/74

(30) PFEIL, L.B. Schweiz.Arch.angew. Wiss.Techn. 18 (1952) S. 88/97

(31) ANDREINI, B. und A. ERRA Metallurgia ital. 44 (1952) Nr. 8/9, S. 299/307

(32) FORREST, P.G. und H.J. TAPSELL Proc.Instn.mech.Engrs. 168 (1954) Nr. 29, S. 763/74

(33) CROSS, H.C., W.L. BADGER, C.L. CLARK, C.A. CRAWFORD, F.C. CROFT jr., G. MOHLING und E.A. SCHOEFER Met.Progr. 66 (1954) Nr. 1, S. 42/48

(34) HEMPEL, M. und H.E. TILLMANNS — Mitt.K.-Wilh.-Inst.Eisenforschg. 18 (1936) S. 163/82; vgl. Arch.Eisenhüttenw. 10 (1936/37) S. 395/403

(35) CORNELIUS, H. und W. SCHMIDT — Luftfartforschg. 20 (1943) Lfg. 10, S. 292/96

(36) TAPSELL, H.J. P.G. FORREST und G.R. TREMAIN — Engineering 170 (1950) S. 189/91

(37) — DIN 50 100 - Dauerschwingversuch. Beuth-Vertrieb GmbH, Berlin 1953

(38) KÖRBER, F. und M. HEMPEL — Mitt.K.-Wilh.-Inst.Eisenforschg. 18 (1936) S. 15/19

(39) MOORE, H.F. und N.J. ALLEMAN — Proc.Amer.Soc.Test.Mater. 31 (1931) I, S. 114/21

(40) CROSS, H.C. — Trans.Amer.Soc.mech.Engrs. 56 (1934) S. 533/53

(41) FORREST, P.G. und H.J. TAPSELL — Chart.Mech.Eng. 1 (1954) Nr. 6, S. 296/97

(42) ECKEL, J.F. — Proc.Amer.Soc.Test.Mater. 51 (1951) S. 745/60

(43) — Engineering 175 (1953) Nr. 4547, S. 353/54

(44) HEMPEL, M. und F. ARDELT — Mitt.K.-Wilh.-Inst.Eisenforschg. 21 (1939) S. 115/32; vgl. Arch.Eisenhüttenw. 12 (1938/39) S. 553/64

(45) POMP, A. und M. HEMPEL — Mitt.Dtsch.Akad.Luftfahrtforschg. 1942, H. 5, S. 235/60

(46) KÖRBER, F. und M. HEMPEL — Mitt.K.-Wilh.-Inst.Eisenforschg. 21 (1939) S. 1/19; vgl. Arch-Eisenhüttenw. 12 (1938/39) S. 433/44

(47) SCHWINNUNG, W., M. KNOCH und K. UHLEMANN — Z.Ver.Dt.Ing.78 (1934) S. 1469/76. KNOCH M.: Dr.-Ing.Diss. TH Dresden 1934

(48) COLLINS, W.L. und J.O. SMITH — Proc.Amer.Soc.Test.Mater. 41 (1941) S. 797/810

(49) — Unveröffentlichte Versuchswerte des MPI Eisenforschg., Düsseldorf

(50) SCHAAL, A. — Z.Metallkde. 41 (1950) S. 334/39 und 42 (1951) S. 147/54

(51) GRANT, N.J.　　　　　　　Symposium "Fatigue and Fracture of Metals".
　　　　　　　　　　　　　　　Mass.Inst. Technol. 1950, S. 292/301

(52) TOOLIN, P.R.　　　　　　Symposium "Effects of notches and metallur-
　　　　　　　　　　　　　　　gical changes on strength and ductility of
　　　　　　　　　　　　　　　metals at elevated temperatures". Amer.Soc.
　　　　　　　　　　　　　　　Test.Mater. 1953

(53) HOLZHAUER, Cl.　　　　　Mitt.Mat.-Prüf.-Anst.TH Darmstadt, H.3, 1933

(54) GOUGH, H.J. und　　　　　J.Iron Steel Inst. 143 (1941) I, S. 136 P/
　　　V. POLLARD　　　　　　　162 P P

(55) FULLER, T.S.　　　　　　Amer.Inst.Min.Met.Eng., Techn.Publ.Nr. 294,
　　　　　　　　　　　　　　　(1930) S. 280/92

(56) EICHINGER, A.　　　　　　Z.Ver.Dt.Ing. 92 (1950) S. 35/39

(57) POMP, A. und　　　　　　　Arch. Eisenhüttenw. 21 (1950) S. 263/72; vgl.
　　　M. HEMPEL　　　　　　　Mitt.Max-Planck-Inst.Eisenforschg., Abh. 517

(58) BERTRAM, W.　　　　　　　Mitt.Wöhler-Inst.Braunschweig 1940, H. 37,
　　　　　　　　　　　　　　　S. 3/52

(59) TAPSELL, H.J. und　　　　Dep.Sci.Ind.Res., Eng.Res., Spec.Rep.Nr. 1,
　　　W.J. CLENSHAW　　　　　London 1927, S. 24

(60) WIBERG, O.A.　　　　　　Trans. Tokyo Sect.Meet.World Power Conf. 3
　　　　　　　　　　　　　　　(1930) S. 1129/46

(61) KÖRBER, F.　　　　　　　Schriften Dt.Akad.Luftfahrtforschg. 1939,
　　　　　　　　　　　　　　　H. 5, S. 1/53

(62) KOCHENDÖRFER, A.　　　　Z.Ver.Dt.Ing. 94 (1952) S.267/73

(63) WEVER, F., M. HEMPEL　　Arch.Eisenhüttenw. 26 (1955)S. 739/54; vgl.
　　　und A. SCHRADER　　　　Mitt.Max-Planck-Inst.Eisenforschg. Abh. 650

(64) GÜRTLER, G. und　　　　　Z.Ver.Dt.Ing. 83 (1939) S. 749/52; vgl.
　　　E. SCHMID　　　　　　　Jahrb.Dt.Luftfahrtforschg. 1940, S. I 1095/
　　　　　　　　　　　　　　　98

(65) DEHLINGER, U.　　　　　　Z.Phys. 115 (1940) S. 625/38
　　　　　　　　　　　　　　　Z.Metallkde. 32 (1940) S. 199/200

(66) ROŠ, M. und　　　　　　　Eidg.Mat.-Prüf.Anst.ETH Zürich, Ber. 138
　　　A. EICHINGER　　　　　　(1941) S. 1/55

(67) SIEBEL, E. und　　　　　Stahl u. Eisen 75 (1955) Nr. 23, S. 1594/96
　　　E. KEIL

FORSCHUNGSBERICHTE
DES WIRTSCHAFTS- UND VERKEHRSMINISTERIUMS
NORDRHEIN-WESTFALEN

Herausgegeben von Staatssekretär Prof. Leo Brandt

HEFT 1
Prof. Dr.-Ing. E. Flegler, Aachen
Untersuchungen oxydischer Ferromagnet-Werkstoffe
1952, 20 Seiten, DM 6,75

HEFT 2
Prof. Dr. W. Fuchs, Aachen
Untersuchungen über absatzfreie Teeröle
1952, 32 Seiten, 5 Abb., 6 Tabellen, DM 10,—

HEFT 3
Techn.-Wissenschaftl. Büro für die Bastfaserindustrie, Bielefeld
Untersuchungsarbeiten zur Verbesserung des Leinenwebstuhls
1952, 44 Seiten, 7 Abb., 3 Tabellen, DM 12,50

HEFT 4
Prof. Dr. E. A. Müller und Dipl.-Ing. H. Spitzer, Dortmund
Untersuchungen über die Hitzebelastung in Hüttenbetrieben
1952, 28 Seiten, 5 Abb., 1 Tabelle, DM 9,—

HEFT 5
Dipl.-Ing. W. Fister, Aachen
Prüfstand der Turbinenuntersuchungen
1952, 40 Seiten, 30 Abb., 3 Schaltbilder, DM 1,—

HEFT 6
Prof. Dr. W. Fuchs, Aachen
Untersuchungen über die Zusammensetzung und Verwendbarkeit von Schwelteerfraktionen
1952, 36 Seiten, DM 10.50

HEFT 7
Prof. Dr. W. Fuchs, Aachen
Untersuchungen über emsländisches Petrolatum
1952, 36 Seiten, 1 Abb., 17 Tabellen, DM 10,50

HEFT 8
M. E. Meffert und H. Stratmann, Essen
Algen-Großkulturen im Sommer 1951
1953, 52 Seiten, 4 Abb., 20 Tabellen, DM 9,75

HEFT 9
Techn.-Wissenschaftl. Büro für die Bastfaserindustrie, Bielefeld
Untersuchungen über die zweckmäßige Wicklungsart von Leinengarnkreuzspulen unter Berücksichtigung der Anwendung hoher Geschwindigkeiten des Garnes
Vorversuche für Zetteln und Schären von Leinengarnen auf Hochleistungsmaschinen
1952, 48 Seiten, 7 Abb., 7 Tabellen, DM 9,25

HEFT 10
Prof. Dr. W. Vogel, Köln
„Das Streifenpaar" als neues System zur mechanischen Vergrößerung kleiner Verschiebungen und seine technischen Anwendungsmöglichkeiten
1953, 20 Seiten, 6 Abb., DM 4,50

HEFT 11
Laboratorium für Werkzeugmaschinen und Betriebslehre, Technische Hochschule Aachen
1. Untersuchungen über Metallbearbeitung im Fräsvorgang mit Hartmetallwerkzeugen und negativem Spanwinkel
2. Weiterentwicklung des Schleifverfahrens für die Herstellung von Präzisionswerkstücken unter Vermeidung hoher Temperatur
3. Untersuchung von Oberflächenveredlungsverfahren zur Steigerung der Belastbarkeit hochbeanspruchter Bauteile
1953, 80 Seiten, 61 Abb., DM 15,75

HEFT 12
Elektrowärme-Institut, Langenberg (Rhld.)
Induktive Erwärmung mit Netzfrequenz
1952, 22 Seiten 6 Abb., DM 5,20

HEFT 13
Techn.-Wissenschaftl. Büro für die Bastfaserindustrie, Bielefeld
Das Naßspinnen von Bastfasergarnen mit chemischen Zusätzen zum Spinnbad
1953, 52 Seiten, 4 Abb., 19 Tabellen, DM 10,—

HEFT 14
Forschungsstelle für Acetylen, Dortmund
Untersuchungen über Aceton als Lösungsmittel für Acetylen
1952, 64 Seiten, 10 Abb , 26 Tabellen, DM 12,25

HEFT 15
Wäschereiforschung Krefeld
Trocknen von Wäschestoffen
1953, 48 Seiten, 14 Abb., 2 Tabellen, DM 9,—

HEFT 16
Max-Planck-Institut für Kohlenforschung, Mülheim a. d. Ruhr
Arbeiten des MPI für Kohlenforschung
1953, 104 Seiten, 9 Abb., DM 17,80

HEFT 17
Ingenieurbüro Herbert Stein, M.-Gladbach
Untersuchung der Verzugsvorgänge in den Streckwerken verschiedener Spinnereimaschinen. 1. Bericht: Vergleichende Prüfung mit verschiedenen Dickenmeßgeräten
1952, 36 Seiten, 15 Abb., DM 8,—

HEFT 18
Wäschereiforschung Krefeld
Grundlagen zur Erfassung der chemischen Schädigung beim Waschen
1953, 68 Seiten, 15 Abb., 15 Tabellen, DM 12,75

HEFT 19
Techn.-Wissenschaftl. Büro für die Bastfaserindustrie, Bielefeld
Die Auswirkung des Schlichtens von Leinengarnketten auf den Verarbeitungswirkungsgrad, sowie die Festigkeit und Dehnungsverhältnisse der Garne und Gewebe
1953, 48 Seiten, 1 Abb., 9 Tabellen, DM 9,—

HEFT 20
Techn.-Wissenschaftl. Büro für die Bastfaserindustrie, Bielefeld
Trocknung von Leinengarnen I
Vorgang und Einwirkung auf die Garnqualität
1953, 62 Seiten, 18 Abb., 5 Tabellen, DM 12,—

HEFT 21
Techn.-Wissenschaftl. Büro für die Bastfaserindustrie, Bielefeld
Trocknung von Leinengarnen II
Spulenanordnung und Luftführung beim Trocknen von Kreuzspulen
1953, 66 Seiten, 22 Abb., 9 Tabellen, DM 13,—

HEFT 22
Techn.-Wissenschaftl. Büro für die Bastfaserindustrie, Bielefeld
Die Reparaturanfälligkeit von Webstühlen
1953, 28 Seiten, 7 Abb., 5 Tabellen, DM 5,80

HEFT 23
Institut für Starkstromtechnik, Aachen
Rechnerische und experimentelle Untersuchungen zur Kenntnis der Metadyne als Umformer von konstanter Spannung auf konstanten Strom
1953, 52 Seiten, 20 Abb., 4 Tafeln, DM 9,75

HEFT 24
Institut für Starkstromtechnik, Aachen
Vergleich verschiedener Generator-Metadyne-Schaltungen in bezug auf statisches Verhalten
1952, 44 Seiten, 23 Abb., DM 8,50

HEFT 25
Gesellschaft für Kohlentechnik mbH., Dortmund-Eving
Struktur der Steinkohlen und Steinkohlen-Kokse
1953, 58 Seiten, DM 11,—

HEFT 26
Techn.-Wissenschaftl. Büro für die Bastfaserindustrie, Bielefeld
Vergleichende Untersuchungen zweier neuzeitlicher Ungleichmäßigkeitsprüfer für Bänder und Garne hinsichtlich ihrer Eignung für die Bastfaserspinnerei
1953, 64 Seiten, 30 Abb., DM 12,50

HEFT 27
Prof. Dr. E. Schratz, Münster
Untersuchungen zur Rentabilität des Arzneipflanzenanbaues Römische Kamille, Anthemis nobilis L.
1953, 16 Seiten, 1 Tabelle, DM 3,60

HEFT 28
Prof. Dr. E. Schratz, Münster
Calendula officinalis L. Studien zur Ernährung, Blütenfüllung und Rentabilität der Drogengewinnung
1953, 24 Seiten, 2 Abb., 3 Tabellen, DM 5,20

HEFT 29
Techn.-Wissenschaftl. Büro für die Bastfaserindustrie, Bielefeld
Die Ausnützung der Leinengarne in Geweben
1953, 100 Seiten, 14 Abb., 10 Tabellen, DM 17,80

HEFT 30
Gesellschaft für Kohlentechnik mbH., Dortmund-Eving
Kombinierte Entaschung und Verschwelung von Steinkohle; Aufarbeitung von Steinkohlenschlämmen zu verkokbarer oder verschwelbarer Kohle
1953, 56 Seiten, 16 Abb., 10 Tabellen, DM 10,50

HEFT 31
Dipl.-Ing. A. Stormanns, Essen
Messung des Leistungsbedarfs von Doppelsteg-Kettenförderern
1954, 54 Seiten, 18 Abb., 3 Anlagen, DM 11,—

HEFT 32
Techn.-Wissenschaftl. Büro für die Bastfaserindustrie, Bielefeld
Der Einfluß der Natriumchloridbleiche auf Qualität und Verwebbarkeit von Leinengarnen und die Eigenschaften der Leinengewebe unter besonderer Berücksichtigung des Einsatzes von Schützen- und Spulenwechselautomaten in der Leinenweberei
1953, 64 Seiten, 2 Abb., 12 Tabellen, DM 11,50

HEFT 33
Kohlenstoffbiologische Forschungsstation e. V.
Eine Methode zur Bestimmung von Schwefeldioxyd und Schwefelwasserstoff in Rauchgasen und in der Atmosphäre
1953, 32 Seiten, 8 Abb., 3 Tabellen, DM 6.50

HEFT 34
Textilforschungsanstalt Krefeld
Quellungs- und Entquellungsvorgänge bei Faserstoffen
1953, 52 Seiten, 13 Abb., 13 Tabellen, DM 9,80

WESTDEUTSCHER VERLAG · KÖLN UND OPLADEN

HEFT 35
Professor Dr. W. Kast, Krefeld
Feinstrukturuntersuchungen an künstlichen Zellulosefasern verschiedener Herstellungsverfahren.
Teil I: Der Orientierungszustand
1953, 74 Seiten, 30 Abb., 7 Tabellen, DM 13,80

HEFT 36
Forschungsinstitut der feuerfesten Industrie, Bonn
Untersuchungen über die Trocknung von Rohton
Untersuchungen über die chemische Reinigung von Silika- und Schamotte-Rohstoffen mit chlorhaltigen Gasen
1953, 60 Seiten, 5 Abb., 5 Tabellen, DM 11,—

HEFT 37
Forschungsinstitut der feuerfesten Industrie, Bonn
Untersuchungen über den Einfluß der Probenvorbereitung auf die Kaltdruckfestigkeit feuerfester Steine
1953, 40 Seiten, 2 Abb., 5 Tabellen, DM 7,80

HEFT 38
Forschungsstelle für Acetylen, Dortmund
Untersuchungen über die Trocknung von Acetylen zur Herstellung von Dissousgas
1953, 36 Seiten, 11 Abb., 3 Tabellen, DM 6,80

HEFT 39
Forschungsgesellschaft Blechverarbeitung e. V., Düsseldorf
Untersuchungen an prägegemusterten und vorgelochten Blechen
1953, 46 Seiten, 34 Abb., DM 9,50

HEFT 40
Landesgeologe Dr.-Ing. W. Wolff, Amt für Bodenforschung, Krefeld
Untersuchungen über die Anwendbarkeit geophysikalischer Verfahren zur Untersuchung von Spateisengängen im Siegerland
1953, 46 Seiten, 8 Abb., DM 8,80

HEFT 41
Techn.-Wissenschaftl. Büro für die Bastfaserindustrie, Bielefeld
Untersuchungsarbeiten zur Verbesserung des Leinenwebstuhles II
1953, 40 Seiten, 4 Abb., 5 Tabellen, DM 7,80

HEFT 42
Professor Dr. B. Helferich, Bonn
Untersuchungen über Wirkstoffe — Fermente — in der Kartoffel und die Möglichkeit ihrer Verwendung
1953, 58 Seiten, 9 Abb., DM 11,—

HEFT 43
Forschungsgesellschaft Blechverarbeitung e. V., Düsseldorf
Forschungsergebnisse über das Beizen von Blechen
1953, 48 Seiten, 38 Abb., 2 Tabellen, DM 11,30

HEFT 44
Arbeitsgemeinschaft für praktische Dehnungsmessung, Düsseldorf
Eigenschaften und Anwendungen von Dehnungsmeßstreifen
1953, 68 Seiten, 43 Abb., 2 Tabellen, DM 13,70

HEFT 45
Losenhausenwerk Düsseldorfer Maschinenbau AG., Düsseldorf
Untersuchungen von störenden Einflüssen auf die Lastgrenzenanzeige von Dauerschwingprüfmaschinen
1953, 36 Seiten, 11 Abb., 3 Tabellen, DM 7,25

HEFT 46
Prof. Dr. W. Fuchs, Aachen
Untersuchungen über die Aufbereitung von Wasser für die Dampferzeugung in Benson-Kesseln
1953, 58 Seiten, 18 Abb., 9 Tabellen, DM 11,20

HEFT 47
Prof. Dr.-Ing. K. Krekeler, Aachen
Versuche über die Anwendung der induktiven Erwärmung zum Sintern von hochschmelzenden Metallen sowie zur Anlegierung und Vergütung von aufgespritzten Metallschichten mit dem Grundwerkstoff
1954, 66 Seiten, 39 Abb., DM 13,90

HEFT 48
Max-Planck-Institut für Eisenforschung, Düsseldorf
Spektrochemische Analyse der Gefügebestandteile in Stählen nach ihrer Isolierung
1953, 38 Seiten, 8 Abb., 5 Tabellen, DM 7,80

HEFT 49
Max-Planck-Institut für Eisenforschung, Düsseldorf
Untersuchungen über Ablauf der Desoxydation und die Bildung von Einschlüssen in Stählen
1953, 52 Seiten, 19 Abb., 3 Tabellen, DM 12,40

HEFT 50
Max-Planck-Institut für Eisenforschung, Düsseldorf
Flammenspektralanalytische Untersuchung der Ferritzusammensetzung in Stählen
1953, 44 Seiten, 15 Abb., 4 Tabellen, DM 8,60

HEFT 51
Verein zur Förderung von Forschungs- und Entwicklungsarbeiten in der Werkzeugindustrie e. V., Remscheid
Untersuchungen an Kreissägeblättern für Holz, Fehler- und Spannungsprüfverfahren
1953, 50 Seiten, 23 Abb., DM 10,—

HEFT 52
Forschungsstelle für Acetylen, Dortmund
Untersuchungen über den Umsatz bei der explosiblen Zersetzung von Azetylen
a) Zersetzung von gasförmigem Azetylen
b) Zersetzung von an Silikagel adsorbiertem Azetylen
1954, 48 Seiten, 8 Abb., 10 Tabellen, DM 9,25

HEFT 53
Professor Dr.-Ing. H. Opitz, Aachen
Reibwert und Verschleißmessungen an Kunststoffgleitführungen für Werkzeugmaschinen
1954, 38 Seiten, 18 Abb., DM 8,20

HEFT 54
Professor Dr.-Ing. F. A. F. Schmidt, Aachen
Schaffung von Grundlagen für die Erhöhung der spez. Leistung und Herabsetzung des spez. Brennstoffverbrauches bei Ottomotoren mit Teilbericht über Arbeiten an einem neuen Einspritzverfahren
1954, 34 Seiten, 15 Abb., DM 7,40

HEFT 55
Forschungsgesellschaft Blechverarbeitung e. V. Düsseldorf
Chemisches Glänzen von Messing und Neusilber
1954, 50 Seiten, 21 Abb., 1 Tabelle, DM 10,20

HEFT 56
Forschungsgesellschaft Blechverarbeitung e. V., Düsseldorf
Untersuchungen über einige Probleme der Behandlung von Blechoberflächen
1954, 52 Seiten, 42 Abb., DM 11,20

HEFT 57
Prof. Dr.-Ing. F. A. F. Schmidt, Aachen
Untersuchungen zur Erforschung des Einflusses des chemischen Aufbaues des Kraftstoffes auf sein Verhalten im Motor und in Brennkammern von Gasturbinen
1954, 70 Seiten, 32 Abb., DM 14,60

HEFT 58
Gesellschaft für Kohlentechnik mbH., Dortmund
Herstellung und Untersuchung von Steinkohlenschwelteer
1954, 74 Seiten, 9 Abb., 9 Tabellen, DM 13,75

HEFT 59
Forschungsinstitut der Feuerfest-Industrie e. V., Düsseldorf
Ein Schnellanalysenverfahren zur Bestimmung von Aluminiumoxyd, Eisenoxyd und Titanoxyd in feuerfestem Material mittels organischer Farbreagenzien auf photometrischem Wege
Untersuchungen des Alkali-Gehaltes feuerfester Stoffe mit dem Flammenphotometer nach Riehm-Lange
1954, 62 Seiten, 12 Abb., 3 Tabellen, DM 11,60

HEFT 60
Forschungsgesellschaft Blechverarbeitung e. V., Düsseldorf
Untersuchungen über das Spritzlackieren im elektrostatischen Hochspannungsfeld
1954, 82 Seiten, 53 Abb., 7 Tabellen, DM 17,—

HEFT 61
Verein zur Förderung von Forschungs- und Entwicklungsarbeiten in der Werkzeugindustrie e. V., Remscheid
Schwingungs- und Arbeitsverhalten von Kreissägeblättern für Holz
1954, 54 Seiten, 31 Abb., DM 11,40

HEFT 62
Professor Dr. W. Franz, Institut für theoretische Physik der Universität Münster
Berechnung des elektrischen Durchschlags durch feste und flüssige Isolatoren
1954, 36 Seiten, DM 7,—

HEFT 63
Textilforschungsanstalt Krefeld
Neue Methoden zur Untersuchung der Wirkungsweise von Textilhilfsmitteln
Untersuchungen über Schlichtungs- und Entschlichtungsvorgänge
1954, 34 Seiten, 1 Abb., 5 Tabellen, DM 6,80

HEFT 64
Textilforschungsanstalt Krefeld
Die Kettenlängenverteilung von hochpolymeren Faserstoffen
Über die fraktionierte Fällung von Polyamiden
1954, 44 Seiten, 13 Abb., DM 8,60

HEFT 65
Fachverband Schneidwarenindustrie, Solingen
Untersuchungen über das elektrolytische Polieren von Tafelmesserklingen aus rostfreiem Stahl
1954, 90 Seiten, 38 Abb., 9 Tabellen, DM 17,35

HEFT 66
Dr.-Ing. P. Füsgen VDI †, Düsseldorf
Untersuchungen über das Auftreten des Ratterns bei selbsthemmenden Schneckengetrieben und seine Verhütung
1954, 32 Seiten, 5 Abb., DM 6,60

HEFT 67
Heinrich Wösthoff o. H. G., Apparatebau, Bochum
Entwicklung einer chemisch-physikalischen Apparatur zur Bestimmung kleinster Kohlenoxyd-Konzentrationen
1954, 94 Seiten, 48 Abb., 2 Tabellen, DM 18,25

HEFT 68
Kohlenstoffbiologische Forschungsstation e. V., Essen
Algengroßkulturen im Sommer 1952
II. Über die unsterile Großkultur von Scenedesmus obliquus
1954, 62 Seiten, 3 Abb., 29 Tabellen, DM 11,40

HEFT 69
Wäschereiforschung Krefeld
Bestimmung des Faserabbaues bei Leinen unter besonderer Berücksichtigung der Leinengarnbleiche
1954, 48 Seiten, 15 Abb., 3 Tabellen, DM 9,60

HEFT 70
Wäschereiforschung Krefeld
Trocknen von Wäschestoffen
1954, 52 Seiten, 18 Abb., 3 Tabellen, DM 10,—

HEFT 71
Prof. Dr.-Ing. K. Leist, Aachen
Kleingasturbinen, insbesondere zum Fahrzeugantrieb
1954, 114 Seiten, 85 Abb., DM 22,—

HEFT 72
Prof. Dr.-Ing. K. Leist, Aachen
Beitrag zur Untersuchung von stehenden geraden Turbinengittern mit Hilfe von Druckverteilungsmessungen
1954, 152 Seiten, 111 Abb., DM 36,20

HEFT 73
Prof. Dr.-Ing. K. Leist, Aachen
Spannungsoptische Untersuchungen von Turbinenschaufelfüßen
1954, 66 Seiten, 46 Abb., 2 Tabellen, DM 14,60

HEFT 74
Max-Planck-Institut für Eisenforschung, Düsseldorf
Versuche zur Klärung des Umwandlungsverhaltens eines sonderkarbidbildenden Chromstahls
1954, 58 Seiten, 10 Abb., DM 14,—

HEFT 75
Max-Planck-Institut für Eisenforschung, Düsseldorf
Zeit-Temperatur-Umwandlungs-Schaubilder als Grundlage der Wärmebehandlung der Stähle
1954, 44 Seiten, 13 Abb., DM 8,70

HEFT 76
Max-Planck-Institut für Arbeitsphysiologie, Dortmund
Arbeitstechnische und arbeitsphysiologische Rationalisierung von Mauersteinen
1954, 52 Seiten, 12 Abb., 3 Tabellen, DM 10,20

HEFT 77
Meteor Apparatebau Paul Schmeck GmbH., Siegen
Entwicklung von Leuchtstoffröhren hoher Leistung
1954, 46 Seiten, 12 Abb., 2 Tabellen, DM 9,15

HEFT 78
Forschungsstelle für Acetylen, Dortmund
Über die Zustandsgleichung des gasförmigen Acetylens und das Gleichgewicht Acetylen — Aceton
1954, 42 Seiten, 3 Abb., 8 Tabellen, DM 8,—

HEFT 79
Techn.-Wissenschaftl. Büro für die Bastfaserindustrie, Bielefeld
Trocknung von Leinengarnen III
Spinnspulen- und Spinnkopstrocknung
Vorgang und Einwirkung auf die Garnqualität
1954, 74 Seiten, 18 Abb., 10 Tabellen, DM 14,—

WESTDEUTSCHER VERLAG · KÖLN UND OPLADEN

HEFT 80
Techn.-Wissenschaftl. Büro für die Bastfaserindustrie, Bielefeld
Die Verarbeitung von Leinengarn auf Webstühlen mit und ohne Oberbau
1954, 30 Seiten, 2 Abb., 2 Tabellen, DM 6,—

HEFT 81
Prüf- und Forschungsinstitut für Ziegeleierzeugnisse, Essen-Kray
Die Einführung des großformatigen Einheits-Gitterziegels im Lande Nordrhein-Westfalen
1954, 54 Seiten, 2 Abb., 2 Tabellen, DM 10,—

HEFT 82
Vereinigte Aluminium-Werke AG., Bonn
Forschungsarbeiten auf dem Gebiet der Veredelung von Aluminium-Oberflächen
1954, 46 Seiten, 34 Abb., DM 9,60

HEFT 83
Prof. Dr. S. Strugger, Münster
Über die Struktur der Proplastiden
1954, 30 Seiten, 15 Abb., DM 8,40

HEFT 84
Dr. H. Baron, Düsseldorf
Über Standardisierung von Wundtextilien
1954, 32 Seiten, DM 6,40

HEFT 85
Textilforschungsanstalt Krefeld
Physikalische Untersuchungen an Fasern, Fäden, Garnen und Geweben:
Untersuchungen am Knickscheuergerät nach Weltzien
1954, 40 Seiten, 11 Abb., 8 Tabellen, DM 10,—

HEFT 86
Prof. Dr.-Ing. H. Opitz, Aachen
Untersuchungen über das Fräsen von Baustahl sowie über den Einfluß des Gefüges auf die Zerspanbarkeit
1954, 108 Seiten, 73 Abb., 7 Tabellen, DM 22,—

HEFT 87
Gemeinschaftsausschuß Verzinken, Düsseldorf
Untersuchungen über Güte von Verzinkungen
1954, 68 Seiten, 56 Abb., 3 Tabellen, DM 15,30

HEFT 88
Gesellschaft für Kohlentechnik mbH., Dortmund-Eving
Oxydation von Steinkohle mit Salpetersäure
1954, 62 Seiten, 2 Abb., 1 Tabelle, DM 11,50

HEFT 89
Verein Deutscher Ingenieure, Gleitlagerforschung, Düsseldorf
und Prof. Dr.-Ing. G. Vogelpohl, Göttingen
Versuche mit Preßstoff-Lagern für Walzwerke
1954, 70 Seiten, 34 Abb., DM 14,10

HEFT 90
Forschungs-Institut der Feuerfest-Industrie, Bonn
Das Verhalten von Silikasteinen im Siemens-Martin-Ofengewölbe
1954, 62 Seiten, 15 Abb., 11 Tabellen, DM 11,90

HEFT 91
Forschungs-Institut der Feuerfest-Industrie, Bonn
Untersuchungen des Zusammenhangs zwischen Leistung und Kohlenverbrauch von Kammeröfen zum Brennen von feuerfesten Materialien
1954, 42 Seiten, 6 Abb., DM 8,30

HEFT 92
Techn.-Wissenschaftl. Büro für die Bastfaserindustrie, Bielefeld
und Laboratorium für textile Meßtechnik, M.-Gladbach
Messungen von Vorgängen am Webstuhl
1954, 76 Seiten, 45 Abb., DM 15,50

HEFT 93
Prof. Dr. W. Kast, Krefeld
Spinnversuche zur Strukturerfassung künstlicher Zellulosefasern
1954, 82 Seiten, 39 Abb., 6 Tabellen, DM 16,—

HEFT 94
Prof. Dr. G. Winter, Bonn
Die Heilpflanzen des MATTHIOLUS (1611) gegen Infektionen der Harnwege und Verunreinigung der Wunden bzw. zur Förderung der Wundheilung im Lichte der Antibiotikaforschung
1954, 58 Seiten, 1 Abb., 2 Tabellen, DM 11,50

HEFT 95
Prof. Dr. G. Winter, Bonn
Untersuchungen über die flüchtigen Antibiotika aus der Kapuziner- (Tropaeolum maius) und Gartenkresse (Lepidium sativum) und ihr Verhalten im menschlichen Körper bei Aufnahme von Kapuziner- bzw. Gartenkressensalat per os
1955, 74 Seiten, 9 Abb., 25 Tabellen, DM 14,—

HEFT 96
Dr.-Ing. P. Koch, Dortmund
Austritt von Exoelektronen aus Metalloberflächen unter Berücksichtigung der Verwendung des Effektes für die Materialprüfung
1954, 34 Seiten, 13 Abb., DM 7,—

HEFT 97
Ing. H. Stein, Laboratorium für textile Meßtechnik, M.-Gladbach
Untersuchung der Verzugsvorgänge an den Streckwerken verschiedener Spinnereimaschinen
2. Bericht: Ermittlung der Haft-Gleiteigenschaften von Faserbändern und Vorgarnen
1955, 98 Seiten, 54 Abb., DM 21,—

HEFT 98
Fachverband Gesenkschmieden, Hagen
Die Arbeitsgenauigkeit beim Gesenkschmieden unter Hämmern
1955, 132 Seiten, 55 Abb., 9 Tabellen, DM 24,75

HEFT 99
Prof. Dr.-Ing. G. Garbotz, Aachen
Der Kraft- und Arbeitsaufwand sowie die Leistungen beim Biegen von Bewehrungsstählen in Abhängigkeit von den Abmessungen, den Formen und der Güte der Stähle (Ermittlung von Leistungsrichtlinien)
1955, 136 Seiten, 53 Abb., 3 Anlagen, 18 Tabellen, DM 30,—

HEFT 100
Prof. Dr.-Ing. H. Opitz, Aachen
Untersuchungen von elektrischen Antrieben, Steuerungen und Regelungen an Werkzeugmaschinen
1955, 166 Seiten, 71 Abb., 3 Tabellen, DM 31,30

HEFT 101
Prof. Dr.-Ing. H. Opitz, Aachen
Wirtschaftlichkeitsbetrachtungen beim Außenrundschleifen
1955, 100 Seiten, 56 Abb., 3 Tabellen, DM 19,30

HEFT 102
Dr. P. Hölemann, Ing. R. Hasselmann und Ing. G. Dix, Dortmund
Untersuchungen über die thermische Zündung von explosiblen Acetylenzersetzungen in Kapillaren
1954, 44 Seiten, 5 Abb., 4 Tabellen, DM 8,60

HEFT 103
Prof. Dr. W. Weizel, Bonn
Durchführung von experimentellen Untersuchungen über den zeitlichen Ablauf von Funken in komprimierten Edelgasen sowie zu deren mathematischen Berechnung
1955, 46 Seiten, 12 Abb., DM 9,10

HEFT 104
Prof. Dr. W. Weizel, Bonn
Über den Einfluß der Elektroden auf die Eigenschaften von Cadmium-Sulfid-Widerstands-Photozellen
1955, 48 Seiten, 12 Abb., DM 9,45

HEFT 105
Dr.-Ing. R. Meldau, Harsewinkel/Westf.
Auswertung des Gekörn — Analysen des Musterstaubes „Flugasche Fortuna I"
1955, 62 Seiten, 14 Abb., DM 8,50

HEFT 106
ORR. Dr.-Ing. W. Küch, Dortmund
Untersuchungen über die Einwirkung von feuchtigkeitsgesättigter Luft auf die Festigkeit von Leimverbindungen
1954, 60 Seiten, 10 Abb., 6 Tabellen, DM 11,40

HEFT 107
Prof. Dr. H. Lange und Dipl.-Phys. P. St. Pütter, Köln
Über die Konstruktion von Laboratoriumsmagneten
1955, 66 Seiten, 19 Abb., 1 Tabelle, DM 12,30

HEFT 108
Prof. Dr. W. Fuchs, Aachen
Untersuchungen über neue Beizmethoden und Beizabwässer
I. Die Entzunderung von Drähten mit Natriumhydrid
II. Die Aufbereitung von Beizabwässern
1955, 82 Seiten, 15 Abb., 14 Tabellen, 1 Falttafel, DM 15,25

HEFT 109
Dr. P. Hölemann und Ing. R. Hasselmann, Dortmund
Untersuchungen über die Löslichkeit von Azetylen in verschiedenen organischen Lösungsmitteln
1954, 42 Seiten, 10 Abb., 8 Tabellen, DM 8,30

HEFT 110
Dr. P. Hölemann und Ing. R. Hasselmann, Dortmund
Untersuchungen über den Druckverlauf bei der explosiblen Zersetzung von gasförmigem Azetylen
1955, 54 Seiten, 10 Abb., 5 Tabellen, DM 11,—

HEFT 111
Fachverband Steinzeugindustrie, Köln
Die Entwicklung eines Gerätes zur Beschickung seitlicher Feuer von Steinzeug-Einzelkammeröfen mit festen Brennstoffen
1955, 46 Seiten, 16 Abb., DM 9,40

HEFT 112
Prof. Dr.-Ing. H. Opitz, Aachen
Verschleißmessungen beim Drehen mit aktivierten Hartmetallwerkzeugen
1954, 44 Seiten, 17 Abb., 6 Tabellen, DM 8,80

HEFT 113
Prof. Dr. O. Graf, Dortmund
Erforschung der geistigen Ermüdung und nervösen Belastung: Studien über die vegetative 24-Stunden-Rhythmik in Ruhe und unter Belastung
1955, 40 Seiten, 12 Abb., DM 8,20

HEFT 114
Prof. Dr. O. Graf, Dortmund
Studien über Fließarbeitsprobleme an einer praxisnahen Experimentieranlage
1954, 34 Seiten, 6 Abb., DM 7,—

HEFT 115
Prof. Dr. O. Graf, Dortmund
Studium über Arbeitspausen in Betrieben bei freier und zeitgebundener Arbeit (Fließarbeit) und ihre Auswirkung auf die Leistungsfähigkeit
1955, 50 Seiten, 13 Abb., 2 Tabellen, DM 9,80

HEFT 116
Prof. Dr.-Ing. E. Siebel und Dr.-Ing. H. Weiss, Stuttgart
Untersuchungen an einigen Problemen des Tiefziehens — I. Teil
1955, 74 Seiten, 50 Abb., 5 Tabellen, DM 14,50

HEFT 117
Dr.-Ing. H. Beißwänger, Stuttgart, und Dr.-Ing. S. Schwandt, Trier
Untersuchungen an einigen Problemen des Tiefziehens — II. Teil
1955, 92 Seiten, 34 Abb., 8 Tabellen, DM 17,70

HEFT 118
Prof. Dr. E. A. Müller und Dr. H. G. Wenzel, Dortmund
Neuartige Klima-Anlage zur Erzeugung ungleicher Luft- und Strahlungstemperaturen in einem Versuchsraum
1955, 68 Seiten, 10 z. T. mehrfarb. Abb., DM 14,—

HEFT 119
Dr.-Ing. O. Viertel, Krefeld
Wäscherei- und energietechnische Untersuchung einer Gemeinschafts-Waschanlage
1955, 50 Seiten, 18 Abb., DM 10,20

HEFT 120
Dipl.-Ing. A. Weisbecker, Lüdenscheid
Über Anfressung an Reinstaluminium-Schweißnähten bei der elektrolytischen Oxydation
Gebr. Hörstermann GmbH., Velbert
Entwicklung und Erprobung eines neuartigen Gummibandförderers
1955, 46 Seiten, 18 Abb., DM 9,70

HEFT 121
Dr. H. Krebs, Bonn
I. Die Struktur und die Eigenschaften der Halbmetalle
II. Die Bestimmung der Atomverteilung in amorphen Substanzen
III. Die chemische Bindung in anorganischen Festkörpern und das Entstehen metallischer Eigenschaften
1955, 124 Seiten, 36 Abb., 13 Tabellen, DM 22,90

HEFT 122
Prof. Dr. W. Fuchs, Aachen
Untersuchungen zur Verbesserung der Wasseraufbereitung und Wasseranalyse:
Über die Schnellbewertung von Ionenaustauscher
1955, 62 Seiten, 32 Abb., DM 12,30

HEFT 123
Dipl.-Ing. J. Emondts, Aachen
Über Bodenverformungen bei stark gestörtem und mächtigem, wasserführendem Deckgebirge im Aachener Steinkohlengebiet
1955, 196 Seiten, 37 Abb., 10 Tabellen, DM 28,80

HEFT 124
Prof. Dr. R. Seyffert, Köln
Wege und Kosten der Distribution der Hausratwaren im Lande Nordrhein-Westfalen
1955, 74 Seiten, 25 Tabellen, DM 9,—

WESTDEUTSCHER VERLAG · KÖLN UND OPLADEN

HEFT 125
Prof. Dr. E. Kappler, Münster
Eine neue Methode zur Bestimmung von Kondensations-Koeffizienten von Wasser
1955, 46 Seiten, 11 Abb., 1 Tabelle, DM 9,10

HEFT 126
Prof. Dr.-Ing. J. Mathieu, Aachen
Arbeitszeitvergleich
Grundlagen, Methodik und praktische Durchführung
1955, 70 Seiten, DM 13,—

HEFT 127
Güteschutz Betonstein e. V.,
Arbeitskreis Nordrhein-Westfalen, Dortmund
Die Betonwaren-Gütesicherung im Lande Nordrhein-Westfalen
1955, 58 Seiten, 15 Abb., 3 Tabellen, DM 11,50

HEFT 128
Prof. Dr. O. Schmitz-DuMont, Bonn
Untersuchungen über Reaktionen in flüssigem Ammoniak
1955, 96 Seiten, 11 Abb., 6 Tabellen, DM 17,75

HEFT 129
Prof. Dr.-Ing. J. Mathieu und Dr. C. A. Roos, Aachen
Die Anlernung von Industriearbeitern
I. Ergebnisse einer grundsätzlichen Untersuchung der gegenwärtigen Industriearbeiter-Kurzanlernung
1955, 106 Seiten, DM 19,70

HEFT 130
Prof. Dr.-Ing. J. Mathieu und Dr. C. A. Roos, Aachen
Die Anlernung von Industriearbeitern
II. Beiträge zur Methodenfrage der Kurzanlernung
1955, 108 Seiten, DM 19,90

HEFT 131
Dr. W. Hoerburger, Köln
Versuche zur Biosynthese von Eiweiß aus Kohlenwasserstoff
1955, 34 Seiten, 2 Abb., DM 6,90

HEFT 132
Prof. Dr. W. Seith, Münster
Über Diffusionserscheinungen in festen Metallen
1955, 42 Seiten, 19 Abb., 4 Tabellen, DM 9,10

HEFT 133
Prof. Dr. E. Jenckel, Aachen
Über einen für Schwermetalle selektiven Ionenaustauscher
1955; 48 Seiten, 8 Abb., 13 Tabellen, DM 9,50

HEFT 134
Prof. Dr.-Ing. H. Winterhager, Aachen
Über die elektrochemischen Grundlagen der Schmelzfluß-Elektrolyse von Bleisulfid in geschmolzenen Mischungen mit Bleichlorid
1955, 54 Seiten, 20 Abb., 5 Tabellen, DM 11,80

HEFT 135
Prof. Dr.-Ing. K. Krekeler und Dr.-Ing. H. Peukert, Aachen
Die Änderung der mechanischen Eigenschaften thermoplastischer Kunststoffe durch Warmrecken
1955, 54 Seiten, 27 Abb., DM 11,10

HEFT 136
Dipl.-Phys. P. Pilz, Remscheid
Über spezielle Probleme der Zerkleinerungstechnik von Weichstoffen
1955, 58 Seiten, 19 Abb., 2 Tabellen, DM 11,50

HEFT 137
Prof. Dr. W. Baumeister, Münster
Beiträge zur Mineralstoffernährung der Pflanzen
1955, 64 Seiten, 6 Tabellen, DM 11,80

HEFT 138
Dr. P. Hölemann und Ing. R. Hasselmann, Dortmund
Untersuchungen über die Zersetzungswärme von gasförmigem und in Azeton gelöstem Azetylen
1955, 54 Seiten, 8 Abb., 7 Tabellen, DM 10,40

HEFT 139
Prof. Dr. W. Fuchs, Aachen
Studien über die thermische Zersetzung der Kohle und die Kohlendestillatprodukte
1955, 64 Seiten, 20 Abb., 22 Tabellen, DM 11,80

HEFT 140
Dr.-Ing. G. Hausberg, Essen
Modellversuche an Zyklonen
1955, 78 Seiten, 24 Abb., DM 15,70

HEFT 141
Dr. J. van Calker und Dr. R. Wienecke, Münster
Untersuchungen über den Einfluß dritter Analysenpartner auf die spektrochemische Analyse
1955, 42 Seiten, 15 Abb., DM 9,10

HEFT 142
Dipl.-Ing. G. M. F. Wiebel, Hannover, A. Konermann und A. Ottenheym, Sennelager
Entwicklung eines Kalksandleichtsteines
1955, 38 Seiten, 4 Abb., DM 8,—

HEFT 143
Prof. Dr. F. Wever, Dr. A. Rose und Dipl.-Ing. W. Straßburg, Düsseldorf
Härtbarkeit und Umwandlungsverhalten der Stähle
1955, 50 Seiten, 12 Abb., 3 Tabellen, DM 10,70

HEFT 144
Prof. Dr. H. Wurmbach, Bonn
Steuerung von Wachstum und Formbildung
1955, 48 Seiten, 19 Abb., DM 10,30

HEFT 145
Dr. G. Hennemann, Werdohl (Westf.)
Beitrag zur Interpretation der modernen Atomphysik
1955, 34 Seiten, DM 10,—

HEFT 146
Dr.-Ing. F. Gruß, Düsseldorf
Sterilisation mit Heißluft
1955, 34 Seiten, 10 Abb., DM 7,70

HEFT 147
Dr.-Ing. W. Rudisch, Unna
Untersuchung einer drehelastischen Elektromagnet-Synchronkupplung
1955, 82 Seiten, 65 Abb., DM 17,70

HEFT 148
Prof. Dr. H. Bittel u. Dipl.-Phys. L. Storm, Münster
Untersuchungen über Widerstandsrauschen
1955, 40 Seiten, 5 Abb., DM 8,40

HEFT 149
Dipl.-Ing. K. Konopicky und Dipl.-Chem. P. Kampa, Bonn
I. Beitrag zur flammenphotometrischen Bestimmung des Calciums.
Dr.-Ing. K. Konopicky, Bonn
II. Die Wanderung von Schlackenbestandteilen in feuerfesten Baustoffen
1955, 54 Seiten, 10 Abb., 5 Tabellen, DM 11,—

HEFT 150
Prof. Dr.-Ing. O. Kienzle und Dipl.-Ing. W. Timmerbeil, Hannover
Das Durchziehen enger Kragen an ebenen Fein- und Mittelblechen
1955, 52 Seiten, 20 Abb., 8 Tabellen, DM 11,30

HEFT 151
Dipl.-Ing. P. Karabasch, Aachen
Feststellung des optimalen Gasgehaltes von Bronzen zur Erzielung druckdichter Gußstücke
1956, 64 Seiten, 31 Abb., 5 Tabellen, DM 13,90

HEFT 152
Dipl.-Ing. G. Müller, Köln
Ermittlung der Laufeigenschaften (Vergießbarkeit) von Bronze und Rotguß mittels der Schneider-Gießspirale
1955, 60 Seiten, 33 Abb., DM 13,30

HEFT 153
Prof. Dr. F. Wever, Dr.-Ing. W. A. Fischer und Dipl.-Ing. J. Engelbrecht, Düsseldorf
I. Die Reduktion sauerstoffhaltiger Eisenschmelzen im Hochvakuum mit Wasserstoff und Kohlenstoff
II. Einfluß geringer Sauerstoffgehalte auf das Gefüge und Alterungsverhalten von Reineisen
1955, 54 Seiten, 15 Abb., 2 Tabellen, DM 12,40

HEFT 154
Prof. Dr.-Ing. P. Bardenheuer und Dr.-Ing. W. A. Fischer, Düsseldorf
Die Verschlackung von Titan aus Stahlschmelzen im sauren und basischen Hochfrequenzofen unter verschiedenen Schlacken
1955, 36 Seiten, 10 Abb., 1 Tabelle, DM 7,95

HEFT 155
Dipl.-Phys. K. H. Schirmer, München
Die auf Grau abgestimmte Farbwiedergabe im Dreifarbenbuchdruck
1955, 46 Seiten, 17 Abb., 2 Farbtafeln, DM 10,—

HEFT 156
Prof. Dr.-Ing. B. von Borries und Mitarbeiter, Düsseldorf
Die Entwicklung regelbarer permanentmagnetischer Elektronenlinsen hoher Brechkraft und eines mit ihnen ausgerüsteten Elektronenmikroskopes neuer Bauart
1956, 102 Seiten, 52 Abb., DM 22,55

HEFT 157
Dr. W. Jawtusch, Dr. G. Schuster und Prof. Dr.-Ing. R. Jaeckel, Bonn
Untersuchungen über die Stoßvorgänge zwischen neutralen Atomen und Molekülen
1955, 48 Seiten, 15 Abb., 3 Tabellen, DM 10,50

HEFT 158
Dipl.-Ing. W. Rosenkranz, Meinerzhagen
Ein Beitrag zum Problem der Spannungskorrosion bei Preßprofilen und Preßteilen aus Aluminium-Legierungen
1956, 112 Seiten, 61 Abb., 5 Tabellen, DM 27,40

HEFT 159
Dr.-Ing. O. Viertel und O. Oldenroth, Krefeld
Das Bleichen von Weißwäsche mit Wasserstoffsuperoxyd bzw. Natriumhypochlorit beim maschinellen Waschen
1955, 54 Seiten, 23 Abb., 2 Tabellen, DM 11,45

HEFT 160
Prof. Dr. W. Klemm, Münster
Über neue Sauerstoff- und Fluor-haltige Komplexe
1955, 50 Seiten, 13 Abb., 7 Tabellen, DM 10,80

HEFT 161
Prof. Dr. W. Weltzien und Dr. G. Hauschild, Krefeld
Über Silikone und ihre Anwendung in der Textilveredlung
1955, 162 Seiten, 22 Abb., 10 Tabellen, DM 27,—

HEFT 162
Prof. Dr. F. Wever, Prof. Dr. A. Kochendörfer und Dipl.-Ing. Chr. Rohrbach, Düsseldorf
Kennzeichnung der Sprödbruchneigung von Stählen durch Messung der Fließspannung, Reißspannung und Brucheinschnürung an dreiachsig beanspruchten Proben
1955, 58 Seiten, 26 Abb., DM 13,—

HEFT 163
Dipl.-Ing. W. Robs und Text.-Ing. H. Griese, Bielefeld
Untersuchungsarbeiten zur Verbesserung des Leinenwebstuhls III
1955, 80 Seiten, 15 Abb., 18 Tabellen, DM 15,80

HEFT 164
Dr.-Ing. H. Schmachtenberg, Köln
Neuartige Prüfeinrichtungen für Kraftfahrzeuge
1955, 44 Seiten, 23 Abb., DM 9,60

HEFT 165
Dr.-Ing. W. Wilhelm, Aachen
Instationäre Gasströmung im Auspuffsystem eines Zweitaktmotors
1955, 62 Seiten, 31 Abb., 8 Tabellen, DM 13,60

HEFT 166
Prof. Dr. M. v. Stackelberg, Dr. H. Heindze, Dr. H. Hübschke und Dr. K. H. Frangen, Bonn
Kolloidchemische Untersuchungen
1955, 106 Seiten, 8 Abb., 13 Tabellen, DM 21,25

HEFT 167
Prof. Dr.-Ing. F. Schuster, Essen
I. Über die Heißkarburierung von Brenngasen mit Ölen und Teeren
II. Die Strahlungsvorgänge in brennstoffbeheizten Öfen bei verschiedenen Verbrennungsatmosphären
1955, 38 Seiten, 8 Abb., DM 8,30

HEFT 168
Prof. Dr.-Ing. F. Schuster, Essen
I. Luftvorwärmung an Gasfeuerungen
II. Heizwerthöhe von Brenngasen und Wirkungsgrad sowie Gasverbrauch bei der Gasverwendung
III. Sauerstoffangereicherte Luft und feuerungstechnische Kenngrößen von Brenngasen
1955, 60 Seiten, 18 Abb., DM 12,50

HEFT 169
Forschungsinstitut für Pigmente und Lacke, Stuttgart
Arbeiten über die Bestimmung des Gebrauchswertes von Lackfilmen durch physikalische Prüfungen
1955, 70 Seiten, 23 Abb., 4 Tabellen, DM 15,—

HEFT 170
Prof. Dr. F. Wever, Dr. A. Rose und Dipl.-Ing. L. Rademacher, Düsseldorf
Anwendung der Umwandlungsschaubilder auf Fragen der Werkstoffauswahl beim Schweißen und Flammhärten
1955, 64 Seiten, 25 Abb., DM 13,70

WESTDEUTSCHER VERLAG · KÖLN UND OPLADEN

HEFT 171
Wäschereiforschung Krefeld
Untersuchung der Wäscheentwässerung mit Hilfe von Zentrifugen und Pressen
1955, 42 Seiten, 16 Abb., 4 Tabellen, DM 9,70

HEFT 172
Dipl.-Ing. W. Rohs, Dr.-Ing. G. Satlow und Text.-Ing. G. Heller, Bielefeld
Trocknung von Hanfgarnen. Kreuzspultrocknung
1955, 60 Seiten, 7 Abb., 4 Tabellen, DM 10,30

HEFT 173
Prof. Dr. R. Hosemann und Dipl.-Phys. G. Schoknecht, Berlin, vorgelegt von Prof. Dr. W. Kast, Krefeld
Lichtoptische Herstellung und Diskussion der Faltungsquadrate parakristalliner Gitter
1956, 108 Seiten, 63 Abb., 6 Tabellen, DM 24,70

HEFT 174
Prof. Dr. W. von Fragstein, Dr. J. Meingast und H. Hoch, Köln
Herstellung von Solen einheitlicher Teilchengröße und Ermittlung ihrer optischen Eigenschaften
1955, 78 Seiten, 80 Abb., 4 Tabellen, DM 18,25

HEFT 175
Dr.-Ing. H. Zeller, Aachen
Beitrag zur eindimensionalen stationären und nichtstationären Gasströmung mit Reibung und Wärmeleitung insbesondere in Rohren mit unstetigen Querschnittsänderungen
1956, 138 Seiten, 56 Abb., DM 29,30

HEFT 176
Dipl.-Ing. H. Schöberl, Duisburg
Über die Methoden zur Ermittlung der Verbrennungstemperatur von Brennstoffen und ein Vorschlag zu ihrer Verbesserung
1955, 30 Seiten, 3 Abb., DM 6,50

HEFT 177
Dipl.-Ing. H. Stüdemann, Solingen, und Dr.-Ing. W. Müchler, Essen
Entwicklung eines Verfahrens zur zahlenmäßigen Bestimmung der Schneideigenschaften von Messerklingen
1956, 104 Seiten, 68 Abb., 4 Tabellen, DM 22,20

HEFT 178
Prof. Dr. M. von Stackelberg u. Dr. W. Hans, Bonn
Untersuchungen zur Ausarbeitung und Verbesserung von polarographischen Analysenmethoden
1955, 46 Seiten, 14 Abb., DM 10,50

HEFT 179
Dipl.-Ing. H. F. Reineke, Bochum
Entwicklungsarbeiten auf dem Gebiete der Meß- und Regeltechnik
1955, 46 Seiten, 10 Abb., DM 10,—

HEFT 180
Dr.-Ing. W. Piepenburg, Dipl.-Ing. B. Bühling und Bauing. J. Behnke, Köln
Putzarbeiten im Hochbau und Versuche mit aktiviertem Mörtel und mechanischem Mörtelauftrag
1955, 116 Seiten, 31 Abb., 68 Tabellen, DM 23,—

HEFT 181
Prof. Dr. W. Franz, Münster
Theorie der elektrischen Leitvorgänge in Halbleitern und isolierenden Festkörpern bei hohen elektrischen Feldern
1955, 28 Seiten, 2 Abb., 1 Tabelle, DM 6,20

HEFT 182
Dr.-Ing. P. Schenk u. Dr. K. Osterloh, Düsseldorf
Katalytisch-thermische Spaltung von gasförmigen und flüssigen Kohlenwasserstoffen zur Spitzengaserzeugung
1955, 50 Seiten, 11 Abb., 11 Tabellen, DM 10,90

HEFT 183
Dr. W. Bornheim, Köln
Entwicklungsarbeiten an Flaschen- und Ampullen-Behandlungsmaschinen für die pharmazeutische Industrie
1956, 48 Seiten, 24 Abb., DM 11,70

HEFT 184
Dr.-Ing. E. Printz, Kettwig
Vollhydraulische Parallel-Kupplung für Ackerschlepper
1955, 32 Seiten, 4 Abb., DM 7,80

HEFT 185
Dipl.-Ing. W. Rohs und Text.-Ing. G. Heller, Bielefeld
Studien an einem neuzeitlichen Kreuzspultrockner für Bastfasergarne mit Wiederbefeuchtungszone
1955, 52 Seiten, 9 Abb., 3 Tabellen, DM 10,70

HEFT 186
Dr. E. Wedekind, Krefeld
Untersuchungen zur Arbeitsbestgestaltung bei der Fertigstellung von Oberhemden in gewerblichen Wäschereien
1955, 124 Seiten, 28 Abb., 6 Tabellen, 2 Falttaf., DM 12,—

HEFT 187
Dipl.-Ing. F. Göttgens, Essen
Über die Eigenarten der Bimetall-, Thermo- und Flammenionisationssicherungsmethode in ihrer Anwendung auf Zündsicherungen
1955, 40 Seiten, 6 Abb., 4 Tabellen, DM 8,40

HEFT 188
W. Kinnebrock, Langenberg (Rhld.)
Der Einfluß des Austausches gleicher Gaskochbrenner bzw. Gaskochbrennerteile auf den Wirkungsgrad und insbesondere auf den CO-Gehalt der Verbrennungsgase
1955, 42 Seiten, 7 Tabellen, DM 8,70

HEFT 189
Fa. E. Leybold's Nachfolger, Köln
I. Ausgewählte Kapitel aus der Vakuumtechnik
II. Zum Verlust anorganisch-nichtflüchtiger Substanzen während der Gefriertrocknung
1955, 52 Seiten, 16 Abb., 3 Tabellen, DM 11,20

HEFT 190
Prof. Dr. A. Neuhaus, Prof. Dr. O. Schmitz-DuMont und Dipl.-Chem. H. Reckhard, Bonn
Zur Kenntnis der Alkalititanate
1955, 60 Seiten, 13 Abb., 1 Tabelle, DM 12,20

HEFT 191
Dr. H. Söhngen, Darmstadt
Schwingungsverhalten eines Schaufelkranzes im Vakuum
1955, 36 Seiten, 7 Abb., DM 7,80

HEFT 192
Dipl.-Phys. E. M. Schneider, München
Kohlebogenlampen für Aufnahme und Kopie
1955, 48 Seiten, 21 Abb., 3 Tabellen, DM 10,60

HEFT 193
Prof. Dr. O. Schmitz-DuMont, Bonn
Untersuchungen über neue Pigmentfarbstoffe
1956, 50 Seiten, 16 Abb., 8 Tabellen, DM 11,20

HEFT 194
Dr. K. Hecht, Köln
Entwicklung neuartiger physikalischer Unterrichtsgeräte
1955, 42 Seiten, 16 Abb., DM 9,90

HEFT 195
Dr.-Ing. E. Rößger, Köln
Gedanken über einen neuen deutschen Luftverkehr
1955, 342 Seiten, 29 Abb., 122 Tabellen, DM 50,—

HEFT 196
Dipl.-Ing. W. Rohs, und Text.-Ing. H. Griese, Bielefeld
Auswirkungen von Garnfehlern bei der Verarbeitung von Leinengarnen
1955, 36 Seiten, 3 Abb., 6 Tabellen, DM 7,80

HEFT 197
Dr. E. Wedekind, Krefeld
Untersuchungen zur Bestimmung der optimalen Arbeitsplatzgröße bei Mehrstuhlarbeit in der Weberei
1955, 92 Seiten, 34 Abb., DM 18,50

HEFT 198
Prof. Dr. J. Weissinger, Karlsruhe
Zur Aerodynamik des Ringflügels. Die Druckverteilung dünner, fast drehsymmetrischer Flügel in Unterschallströmung
1955, 42 Seiten, 5 Abb., DM 9,—

HEFT 199
Textilforschungsanstalt Krefeld
Die Messung von Gewebetemperaturen mittels Temperaturstrahlung
1955, 50 Seiten, 12 Abb., DM 10,90

HEFT 200
R. Seipenbusch, Langenberg (Rhld.)
Spitzengas durch Zusatz von Flüssiggas-Wassergas- und Flüssiggas-Generatorgas-Gemischen zu Stadtgas
1955, 48 Seiten, 21 Tabellen, DM 10,35

HEFT 201
Dr.-Ing. E. W. Pleines, Frankfurt/Main
Die Sicherheit im Luftverkehr
1956, 194 Seiten, 39 Abb., 19 Tabellen, DM 39,45

HEFT 202
Dipl.-Ing. D. Fiecke, Stuttgart/Zuffenhausen
Die Bestimmung der Flugzeugpolaren für Entwurfszwecke. I. Teil: Unterlagen
in Vorbereitung

HEFT 203
Dr. G. Wandel, Bonn
Uferbewachsung und Lebendverbauung an den Nordwestdeutschen Kanälen und ihren Zuflüssen sowie an der Ruhr
in Vorbereitung

HEFT 204
Dipl.-Ing. B. Naendorf, Langenberg (Rhld.)
Bestimmung der Brenneigenschaften und des Brennverhaltens verschiedener Gasarten und Einfluß verschiedener Düsengestaltung
1955, 32 Seiten, DM 7,10

HEFT 205
Dr. C. Schaarwächter, Düsseldorf
Über plastische Kupfer-Eisen-Phosphor-Legierungen
1956, 36 Seiten, 10 Abb., 10 Tabellen, DM 8,30

HEFT 206
Dr. P. Hölemann, Ing. R. Hasselmann und Ing. G. Dix, Dortmund
Untersuchungen über die Vorgänge bei der Zersetzung von in Azeton gelöstem Azetylen
1956, 74 Seiten, 7 Abb., 7 Tabellen, DM 15,55

HEFT 207
Prof. Dr.-Ing. H. Opitz, Dipl.-Ing. K. H. Fröhlich und Dipl.-Ing. H. Siebel, Aachen
Richtwerte für das Fräsen von unlegierten und legierten Baustählen mit Hartmetall. I. Teil
in Vorbereitung

HEFT 208
Prof. Dr.-Ing. H. Müller, Essen
Untersuchung von Elektrowärmegeräten für Laienbedienung hinsichtlich Sicherheit und Gebrauchsfähigkeit. I. Untersuchungen an Kochplatten
in Vorbereitung

HEFT 209
Dr. K. Bunge, Leverkusen
Materialabbau in Funkenentladungen. Untersuchungen an Zinkkathoden
1956, 54 Seiten, 10 Abb., 5 Tabellen, DM 11,40

HEFT 210
Dr. W. Porschen und Prof. Dr. W. Riezler, Bonn
Langlebige Alphaaktivitäten bei natürlichen Elementen
1955, 40 Seiten, 5 Abb., 4 Tabellen, DM 8,80

HEFT 211
Prof. Dipl.-Ing. W. Sturtzel und Dr.-Ing. W. Graff, Duisburg
Die Versuchsanstalt für Binnenschiffbau, Duisburg
1956, 48 Seiten, 22 Abb., DM 11,—

HEFT 212
Dipl.-Ing. H. Spodig, Selm
Untersuchung zur Anwendung der Dauermagnete in der Technik
1955, 44 Seiten, 25 Abb., DM 9,80

HEFT 213
Dipl.-Ing. K. F. Rittinghaus, Aachen
Zusammenstellung eines Meßwagens für Bau- und Raumakustik
in Vorbereitung

HEFT 214
Dr.-Ing. J. Endres, München
Berechnung der optimalen Leistungen, Kraftstoffverbräuche und Wirkungsgrade von Einkreis-Turbolader-Strahltriebwerken am Boden und in der Höhe bei Fluggeschwindigkeiten von 0—2000 km/h
1956, 72 Seiten, 18 Abb., 8 Tabellen, DM 15,40

HEFT 215
Prof. Dr.-Ing. H. Opitz und Dipl.-Ing. G. Weber, Aachen
Einfluß der Wärmebehandlung von Baustählen auf Spanentstehung, Schnittkraft- und Standzeitverhalten
in Vorbereitung

HEFT 216
Dr. E. Kloth, Köln
Untersuchungen über die Ausbreitung kurzer Schallimpulse bei der Materialprüfung mit Ultraschall
1956, 90 Seiten, 60 Abb., 4 Tabellen, DM 19,40

HEFT 217
Rationalisierungskuratorium der Deutschen Wirtschaft (RKW), Frankfurt/Main
Typenvielzahl bei Haushaltgeräten und Möglichkeiten einer Beschränkung
1956, 328 Seiten, 2 Abb., 181 Tabellen, DM 49,50

HEFT 218
Dr. F. Keune, Aachen
Bericht über eine Theorie der Strömung um Rotationskörper ohne Anstellung bei Machzahl Eins
1955, 40 Seiten, 8 Abb., 5 Formelblätter, DM 8,80

HEFT 219
Prof. Dr. W. Fuchs, Aachen
Untersuchungen zur Holzabfallverwertung und zur Chemie des Lignins
1955, 54 Seiten, 11 Abb., 15 Tabellen, DM 11,40

WESTDEUTSCHER VERLAG · KÖLN UND OPLADEN

HEFT 220
Prof. Dr. W. Fuchs, Aachen
Die Entwicklung neuer Regel- und Kontroll-Apparate zur coulometrischen Analyse
1956, 76 Seiten, 17 Abb., 23 Tabellen, DM 15,50

HEFT 221
Dr. W. Meyer-Eppler, Bonn
Experimentelle Untersuchungen zum Mechanismus von Stimme und Gehör in der lautsprachlichen Kommunikation
1955, 56 Seiten, 24 Abb., DM 13,45

HEFT 222
Dr. L. Köllner, Münster, und Dipl.-Volkswirt M. Kaiser, Bochum
Die internationale Wettbewerbsfähigkeit der westdeutschen Wollindustrie
1956, 214 Seiten, DM 39,50

HEFT 223
Dr.-Ing. K. Alberti und Dr. F. Schwarz, Köln
Über das Problem Hartbrand - Weichbrand
1956, 54 Seiten, 25 Abb., 14 Tabellen, DM 12,10

HEFT 224
Dipl.-Ing. H. Stüdeman und Ing. R. Beu, Solingen
Verfahren zur Prüfung der Korrosionsbeständigkeit von Messerklingen aus rostfreiem Stahl
1956, 82 Seiten, 28 Abb., DM 16,90

HEFT 225
Dr.-Ing. E. Barz, Remscheid
Der Spannungszustand von Gattersägeblättern
in Vorbereitung

HEFT 226
Technisch-wissenschaftliches Büro für die Bastfaserindustrie, Bielefeld
Untersuchungen zur Verbesserung des Leinenwebstuhles IV
Die Wirkung verschiedener Kettbaumbremsen auf die Verwebung von Leinengarnen
1956, 64 Seiten, 9 Abb., 4 Tabellen, DM 13,50

HEFT 227
Prof. Dr. F. Wever, Düsseldorf und Dr. W. Wepner, Köln
Untersuchung der Alterungsneigung von weichen unlegierten Stählen durch Härteprüfung bei Temperaturen bis 300 Grad C
1956, 34 Seiten, 20 Abb., 3 Tabellen, DM 7,95

HEFT 228
Prof. Dr. F. Wever, Dr. W. Koch, Düsseldorf und Dr. B. A. Steinkopf, Dortmund
Spektrochemische Grundlagen der Analyse von Gemischen aus Kohlenmonoxyd, Wasserstoff und Stickstoff
in Vorbereitung

HEFT 229
Prof. Dr. F. Wever, Dr. W. Koch und Dr.-Ing. H. Malissa, Düsseldorf
Über die Anwendung disubstituierter Dithiocarbamate der analytischen Chemie
1956, 44 Seiten, 30 Abb., 5 Tabellen, DM 10,50

HEFT 230
Prof. Dr. F. Wever, Düsseldorf und Dr. W. Wepner, Köln
Bestimmung kleiner Kohlenstoffgehalte im Alpha-Eisen durch Dämpfungsmessung
1956, 34 Seiten, 5 Abb., 2 Tabellen, DM 7,70

HEFT 231
Dr.-Ing. W. Küch, Dortmund
Über die Wechselwirkung zwischen Holzschutzbehandlung und Verleimung
1956, 48 Seiten, 10 Abb., 8 Tabellen, DM 10,40

HEFT 232
Prof. Dr.-Ing. O. Kienzle, Hannover und Dr.-Ing. H. Münnich, Schweinfurt
Feststellung der Spannungen und Dehnungen und Bruchdrehzahlen der unter Fliehkraft und Bearbeitungskraft beanspruchten Schleifkörper
in Vorbereitung

HEFT 233
Dr. H. Haase, Hamburg
Infrarot-Bibliographie
1956, 90 Seiten, DM 17,80

HEFT 234
Dr.-Ing. K. G. Speith und Dr.-Ing. A. Bungeroth, Duisburg
Versuche zur Steigerung des Kokillen-Schluckvermögens beim Stranggießen von Stahl
1956, 26 Seiten, 5 Abb., DM 6,15

HEFT 235
Prof. Dr.-Ing. K. Leist und Dipl.-Ing. W. Dettmering, Aachen
Turbinenschaufeln aus Kunststoff für Kaltluftversuchsanlagen
1956, 46 Seiten, 43 Abb., 3 Tabellen, DM 12,30

HEFT 236
Dr.-Ing. O. Viertel und S. Lucas, Krefeld
Ergebnisse einer Hausfrauenbefragung über Wascheinrichtungen und Waschmethoden in städtischen Haushaltungen
1956, 34 Seiten, 4 Abb., DM 7,60

HEFT 237
Dr. P. Endler und Dr. H. Ludes, Köln
Bericht über eine Studienreise zur Orientierung der heutigen Behandlung der Lungentuberkulose in den Vereinigten Staaten von Nordamerika
1956, 32 Seiten, DM 7,10

HEFT 238
Institut für textile Meßtechnik, M.-Gladbach, e.V.
Untersuchung der Verzugsvorgänge an den Streckwerken verschiedener Spinnereimaschinen. 3. Bericht: Theoretische Betrachtungen über den Einfluß schlagender Zylinder und Druckrollen
in Vorbereitung

HEFT 239
Prof. Dr.-Ing. K. Leist und Dipl.-Ing. H. Scheele, Aachen und Dipl.-Ing. F. H. Flottmann, Herne
Versuche an einem neuartigen luftgekühlten Hochleistungs-Kolbenkompressor
in Vorbereitung

HEFT 240
Prof. Dr.-Ing. K. Leist und Dipl.-Ing. H. Scheele, Aachen
Temperaturmessungen an einem einstufigen luftgekühlten 4-Zylinder-Kolbenkompressor mit Kühlgebläse
in Vorbereitung

HEFT 241
Prof. Dr.-Ing. K. Leist und Dipl.-Ing. M. Pötke, Aachen
Leistungsversuche an einem Kühlluftgebläse
in Vorbereitung

HEFT 242
Prof. Dr.-Ing. K. Leist und Dipl.-Ing. K. Graf, Aachen
Straßenfahrzeuge mit Gasturbinenantrieb
in Vorbereitung

HEFT 243
Prof. Dr.-Ing. K. Leist und Dipl.-Ing. S. Förster, Aachen
Die französische Kleingasturbine Artouste — 1. Teil
in Vorbereitung

HEFT 244
Prof. Dr. F. Wever, Dr. W. Koch und Dr. S. Eckhard, Düsseldorf
Erfahrungen mit der spektrochemischen Analyse von Gefügebestandteilen des Stahles
1956, 32 Seiten, 8 Abb., 2 Tabellen, DM 7,80

HEFT 245
Prof. Dr.-Ing. K. Krekeler, Aachen
Das Verbinden von Metallen durch Kunstharzkleber. Teil I: Eigenschaften und Verwendung der Metallklebstoffe
1956, 48 Seiten, 8 Abb., DM 10,25

HEFT 246
Prof. Dr.-Ing. K. Krekeler, Aachen
Das Verbinden von Metallen durch Kunstharzkleber. Teil II: Untersuchungen an geklebten Leichtmetall-Verbindungen
in Vorbereitung

HEFT 247
Dr. H. Söhngen, Darmstadt
Strömung vor einem Überschall-Laufrad
1956, 26 Seiten, 4 Abb., DM 7,60

HEFT 248
Rheinische Aktiengesellschaft für Braunkohlenbergbau und Brikettfabrikation, Köln
Untersuchung der Bindemitteleigenschaften von Braunkohlenfilteraschen
in Vorbereitung

HEFT 249
Dr. M.-E. Meffert, Essen
Weitere Kulturversuche Scenedesmus obliquus
1956, 36 Seiten, 5 Abb., 10 Tabellen, DM 8,—

HEFT 250
Dr. F. Schwarz und Dr.-Ing. K. Alberti, Köln
Entwicklung von Untersuchungsverfahren zur Gütebeurteilung von Industriekalken
in Vorbereitung

HEFT 251
Prof. Dr. H. Bittel, Münster
Zur Statistik der ferromagnetischen Elementarvorgänge und ihren Einfluß auf das Barkhausenrauschen
in Vorbereitung

HEFT 252
Dipl.-Ing. H. Frings, Geilenkirchen
Die Wirkung abfallender Wetterführung auf Wettertemperatur, Grubengasgehalt und Staubbildung
in Vorbereitung

HEFT 253
Dipl.-Ing. S. Schirmanski, Berghausen
Stand und Auswertung der Forschungsarbeiten über Temperatur- und Feuchtigkeitsgrenzen bei der bergmännischen Arbeit
in Vorbereitung

HEFT 254
Prof. Dr. R. Danneel, Bonn
Quantitative Untersuchungen über die Entwicklung des Ehrlich-Ascitesturmos bei Inzuchtmäusen
in Vorbereitung

HEFT 255
Ing. B. v. Schlippe, Bad Nauheim
Strömung von Flüssigkeiten mit temperaturabhängiger Zähigkeit (Kühlung von Ölen)
1956, 54 Seiten, 12 Abb., 4 Tabellen, DM 11,70

HEFT 256
Prof. Dr. C. Schmieden und Dipl.-Math. K. H. Müller, Darmstadt
Die Strömung einer Quellstrecke im Halbraum — eine strenge Lösung der Navier-Stokes-Gleichungen
1956, 40 Seiten, 9 Abb., DM 8,80

HEFT 257
Prof. Dr. G. Lehmann und Dr. J. Tamm, Dortmund
Die Beeinflussung vegetativer Funktionen des Menschen durch Geräusche
in Vorbereitung

HEFT 258
Dr. H. Paul, Linz (Rhein) und Prof. Dr. O. Graf, Dortmund
Zur Frage der Unfälle im Bergbau
1956, 52 Seiten, 9 Abb., 22 Tabellen, DM 11,20

HEFT 259
Prof. Dr. W. Linke, Aachen
Strömungsvorgänge in künstlich belüfteten Räumen
1956, 52 Seiten, 37 Abb., 1 Tabelle, DM 11,80

HEFT 260
Prof. Dr. W. Kast, Freiburg (Br.), Prof. Dr. A. H. Stuart und Dipl.-Phys. H. G. Fendler, Hannover
Lichtzerstreuungsmessungen an Lösungen hochpolymerer Stoffe
in Vorbereitung

HEFT 261
Prof. Dr. W. Kast, Freiburg (Br.)
Feinstruktur-Untersuchungen an künstlichen Zellulosefasern verschiedener Herstellungsverfahren. Teil II: Der Kristallisationszustand
in Vorbereitung

HEFT 262
Dr.-Ing. W. Batel, Aachen
Untersuchungen zur Absiebung feuchter, feinkörniger Haufwerke und Schwingsieben
in Vorbereitung

HEFT 263
Prof. Dr. H. Lange und Dipl.-Phys. R. Kohlhaas, Köln
Über die Wärmeleitfähigkeit von Stählen bei hohen Temperaturen: Teil I: Literaturbericht
in Vorbereitung

HEFT 264
Prof. Dr. W. Weizel, Bonn
Durch schnelle Funkenzusammenbrüche ausgelöste Signale auf einer Leitung
1956, 26 Seiten, 4 Abb., 3 Tabellen, DM 6,10

HEFT 265
Prof. Dr. F. Micheel und Dr. R. Engel, Münster
Eine Apparatur zur elektrophoretischen Trennung von Stoffgemischen
in Vorbereitung

HEFT 266
Fliesen-Beratungsstelle Bad Godesberg-Mehlem
Güteeigenschaften keramischer Wand- und Bodenfliesen und deren Prüfmethoden
1956, 32 Seiten, DM 7,10

HEFT 267
Prof. Dr. W. Weizel und B. Brandt, Bonn
Zur Stabilität stromstarker Glimmentladungen
1956, 36 Seiten, 7 Abb., DM 8,40

HEFT 268
Prof. Dr.-Ing. G. Vogelpohl, Göttingen
Über die Tragfähigkeit von Gleitlagern und ihre Berechnung
in Vorbereitung

WESTDEUTSCHER VERLAG · KÖLN UND OPLADEN

HEFT 269
Markscheider R. Bals, Bochum
Eignung des Gebirgsankerausbaus zur Erleichterung des Streckenvortriebs im Steinkohlenbergbau
in Vorbereitung

HEFT 270
Dr. H. Krebs und Mitarbeiter, Bonn
Die Trennung von Racematen auf chromatographischem Wege
in Vorbereitung

HEFT 271
Prof. Dr.-Ing. H. Opitz und Dipl.-Ing. H. Axer, Aachen
Beeinflussung des Verschleißverhaltens bei spanenden Werkzeugen durch flüssige und gasförmige Kühlmittel und elektrische Maßnahmen
in Vorbereitung

HEFT 272
Prof. Dr. W. Fuchs und Dr. H. Dresia, Aachen
Untersuchungen über die Schnellverbrennung und Schnellvergasung fester Brennstoffe
in Vorbereitung

HEFT 273
Fa. K. W. Tacke G.m.b.H., Wuppertal-Barmen
Erfahrungen beim Verspinnen von Perlonfasern und bei der Herstellung von Trikotagen aus gesponnenem Perlon
in Vorbereitung

HEFT 274
Prof. Dr.-Ing. K. Krekeler und Dipl.-Ing. H. Verhoeven, Aachen
Qualitative Untersuchungen bei Verbindungsschweißungen mittels Lichtbogenschweißautomaten unter Verwendung von Blankdraht und Zugabe von ferromagnetischem Pulver als Umhüllung
in Vorbereitung

HEFT 275
Prof. Dr.-Ing. K. Krekeler und Dipl.-Ing. H. Verhoeven, Aachen
Qualitative Untersuchungen von Punktschweißverbindungen an Tiefzieh- und Aluminiumblechen, die nach dem Argonarc-Punktschweißverfahren hergestellt werden
in Vorbereitung

HEFT 276
Fa. E. Haage, Mülheim (Ruhr)
Entwicklungsarbeiten im Apparatebau für Laboratorien
in Vorbereitung

HEFT 277
Dr.-Ing. W. Müchler, Essen
Untersuchung und zahlenmäßige Bestimmung der Schneideigenschaften von Messern mit besonderer Berücksichtigung rostfreier Messerstähle
in Vorbereitung

HEFT 278
Dipl.-Ing. J. Stelter und Dipl.-Ing. H. Kickert, Aachen
I. Sichtbarmachung von Ultraschallfeldern unter Verwendung photographischer Emulsionsschichten
II. Methode zur Bestimmung der wirklichen Temperaturverhältnisse in Flüssigkeiten während der Beschallung (Nach einer Diplom-Arbeit von H. Schnitzler)
in Vorbereitung

HEFT 279
Dr. F. Keune, Aachen
Der gewölbte und verwundene Tragflügel ohne Dicke in Schallnähe
in Vorbereitung

HEFT 280
Dipl.-Ing. J. Stelter und Dipl.-Ing. E. Pfende, Aachen
Über Störerscheinungen bei Schallgeschwindigkeitsmessungen mittels der Interferometermethode
in Vorbereitung

HEFT 281
Prof. Dr.-Ing. K. Lürenbaum, Aachen
Der Meßwagen des Instituts für Maschinen-Dynamik der Deutschen Versuchsanstalt für Luftfahrt, Aachen
in Vorbereitung

HEFT 282
Bergrat a. D. Scherer, Bochum
Das B.T.-Schwelverfahren und seine Anwendung auf der Anlage Marienau
in Vorbereitung

HEFT 283
Prof. Dr. F. Wever und Dr.-Ing. W. Lueg, Düsseldorf
Warmstauchversuche zur Ermittlung der Formänderungsfestigkeit von Gesenkschmiede-Stählen
in Vorbereitung

HEFT 284
Prof. Dr. F. Wever, Düsseldorf, Dr.-Ing. H. J. Wiester, Essen, Dr.-Ing. F. W. Straßburg, Duisburg, Prof. Dr.-Ing. H. Opitz, Aachen, und Dr.-Ing. K. H. Fröhlich, Köln
Einfluß des Gefüges auf die Zerspanbarkeit von Einsatz- und Vergütungsstählen
in Vorbereitung

HEFT 285
Prof. Dr.-Ing. O. Kienzle, Dr.-Ing. K. Lange, Hannover, und Dipl.-Ing. H. Meinert, Osterode
Einfluß der Oberfläche auf das Verschleißverhalten von Schmiedegesenken
in Vorbereitung

HEFT 286
Dr.-Ing. K. Lange, Hannover, Dipl.-Ing. H. Meinert, Osterode, unter Mitarbeit von Dr.-Ing. H. Arend, Mülheim (Ruhr)
Verschleißverhalten hartverchromter Schmiedegesenke
in Vorbereitung

HEFT 287
Prof. Dr.-Ing. K. Krekeler, Aachen
Änderungen der mechanischen Eigenschaftswerte thermoplastischer Kunststoffe bei Beanspruchung in verschiedenen Medien
in Vorbereitung

HEFT 288
Dr. K. Brücker-Steinkuhl, Düsseldorf
Anwendung mathematisch-statistischer Verfahren in der Industrie
in Vorbereitung

HEFT 289
Prof. Dr.-Ing. H. Winterhager, Aachen
Kombinierter Widerstands- und Lichtbogen-Vakuumofen zur Verarbeitung von Titanschwamm
Prof. Dr. Dr. h. c. R. Schwarz, Aachen
Erforschung neuer Wege zur Darstellung von Titanmetall
in Vorbereitung

HEFT 290
Dr. D. Horstmann, Düsseldorf
I. Der verstärkte Angriff des Zinks auf Eisen im Temperaturgebiet um 500° C
II. Einfluß eines Antimongehaltes auf den Angriff von Zinkschmelzen auf Eisen
in Vorbereitung

HEFT 291
Dr.-Ing. H. J. Wiester und Dr. D. Horstmann, Düsseldorf
Der Angriff eisengesättigter Zinkschmelzen auf silizium- und manganhaltiges Eisen
in Vorbereitung

HEFT 292
Dipl.-Ing. W. Rohs und Text.-Ing. H. Griese, Bielefeld
Webversuche an Leinenwebstühlen mit verbesserter Schaftbewegung
in Vorbereitung

HEFT 293
Prof. J. W. Korte, unter Mitarbeit von Dipl.-Ing. P. A. Mäcke und Dipl.-Ing. W. Leutzbach, Aachen
Die Leistungsfähigkeit von Verkehrsanlagen des motorisierten städtischen Straßenverkehrs
in Vorbereitung

HEFT 294
Dipl.-Ing. B. Naendorf, Essen
Untersuchungen industrieller Gasbrenner
in Vorbereitung

HEFT 295
Prof. Dr.-Ing. H. Opitz und Dipl.-Ing. H. Axer, Aachen
Untersuchung und Weiterentwicklung neuartiger elektrischer Bearbeitungsverfahren
in Vorbereitung

HEFT 296
Prof. Dr.-Ing. H. Opitz, Aachen
I. Untersuchungen an elektronischen Regelantrieben
II. Statistische Untersuchungen zur Ausnutzung von Drehbänken
in Vorbereitung

HEFT 297
Dr. K. Schaarwächter, Düsseldorf
Die Reduktion von Siliziumtetrachlorid im Lichtbogen zur nachfolgenden Silizierung von Eisenblechen
in Vorbereitung

HEFT 298
Prof. Dr.-Ing. E. Oehler, Aachen
Untersuchung von kritischen Drehzahlen, die durch Kreiselmomente verursacht werden

HEFT 299
Dr. J. Fassbender und W. Hoppe, Bonn
Eine photoelektrische Nachlaufeinrichtung für Analogie-Rechenmaschinen
in Vorbereitung

HEFT 300
Prof. Dr. E. Schütz und Privatdozent Dr. H. Caspers, Münster
Tierexperimentelle Untersuchungen über die Alkoholwirkungen auf Erregbarkeit und bioelektrische Spontanaktivität der Hirnrinde
in Vorbereitung

HEFT 301
Prof. Dr. W. Weltzien, Dr. G. Cossmann und P. Diehl, Krefeld
Über die fraktionierte Fällung von Polyamiden (II)
in Vorbereitung

HEFT 302
Prof. Dr.-Ing. W. Wegener und Dipl.-Ing. Willi Zahn, Aachen
Untersuchungen von gesponnenen Garnen auf ihre Gleichmäßigkeit nach verschiedenen Meßmethoden
in Vorbereitung

HEFT 303
Prof. Dr.-Ing. S. Kiesskalt, Aachen
Das Institut der Forschungsgesellschaft Verfahrenstechnik e. V. an der Technischen Hochschule Aachen
in Vorbereitung

HEFT 304
Prof. Dr.-Ing. K. Krekeler, Düsseldorf, und Dipl.-Ing. A. Kleine-Albers, Aachen
Beitrag zur thermoelastischen Warmformbarkeit von Hart PVC
in Vorbereitung

HEFT 305
Prof. Dr.-Ing. K. Krekeler, Düsseldorf, Dr.-Ing. H. Peukert, Aachen, und Dipl.-Ing. W. Schmitz, Siegburg
Heißgas-Schweißung von Hart-Polyvinylchlorid mit Zusatzwerkstoff
in Vorbereitung

HEFT 306
Prof. Dr. B. Rensch, Münster
Elektrophysiologische Untersuchungen zur Analysierung der Bildung von Assoziationen und Gedächtnisspuren in Gehirn und Rückenmark
Prof. Dr. A. Loeser, Münster
Akute und chronische Giftwirkungen sauerstoffhaltiger Lösungsmittel
in Vorbereitung

HEFT 307
Privatdozent Dr. J. Juilfs, Krefeld
Vergleichende Untersuchungen zur elastischen und bleibenden Dehnung von Fasern
in Vorbereitung

HEFT 308
Privatdozent Dr. J. Juilfs, Krefeld
Zur Messung der Fadenglätte
in Vorbereitung

HEFT 309
Prof. Dr. K. Cruse und Mitarbeiter, Clausthal-Zellerfeld
Aufbau und Arbeitsweise eines universell verwendbaren Hochfrequenz-Titrationsgerätes
in Vorbereitung

HEFT 310
Dr. P. F. Müller, Bonn
Die Integrieranlage des Rheinisch-Westfälischen Instituts für Instrumentelle Mathematik in Bonn
in Vorbereitung

HEFT 311
Prof. Dr. F. Wever und Dr. M. Hempel, Düsseldorf
Dauerschwingfestigkeit von Stählen bei erhöhten Temperaturen
Teil I: Erkenntnisse aus bisherigen Dauerschwingversuchen in der Wärme
in Vorbereitung

HEFT 312
Prof. Dr. F. Wever und Dr. M. Hempel, Düsseldorf
Dauerschwingfestigkeit von Stählen bei erhöhten Temperaturen
Teil II: Zug-Druck-Dauerschwingversuche an zwei warmfesten Stählen bei Temperaturen von 500 bis 650°
in Vorbereitung

HEFT 313
Prof. Dr. F. Wever, Dr. W. Koch und Dipl.-Phys. H. Rohde, Düsseldorf
Änderungen des Habitus und der Gitterkonstanten des Zementits in Chromstählen bei verschiedenen Wärmebehandlungen
in Vorbereitung

WESTDEUTSCHER VERLAG · KÖLN UND OPLADEN

VERÖFFENTLICHUNGEN DER ARBEITSGEMEINSCHAFT FÜR FORSCHUNG DES LANDES NORDRHEIN-WESTFALEN

NATURWISSENSCHAFTEN

Im Auftrage des Ministerpräsidenten Fritz Steinhoff
herausgegeben von Staatssekretär Prof. Leo Brandt

HEFT 1
Prof. Dr.-Ing. Friedrich Seewald, Aachen
Neue Entwicklungen auf dem Gebiet der Antriebsmaschinen
Prof. Dr.-Ing. Friedrich A. F. Schmidt, Aachen
Technischer Stand und Zukunftsaussichten der Verbrennungsmaschinen, insbesondere der Gasturbinen
Dr.-Ing. Rudolf Friedrich, Mülheim (Ruhr)
Möglichkeiten und Voraussetzungen der industriellen Verwertung der Gasturbine
1951, 52 Seiten, 15 Abb., kartoniert, DM 2,75

HEFT 2
Prof. Dr.-Ing. Wolfgang Riezler, Bonn
Probleme der Kernphysik
Prof. Dr. Fritz Micheel, Münster
Isotope als Forschungsmittel in der Chemie und Biochemie
1951, 40 Seiten, 10 Abb., kartoniert, DM 2,40

HEFT 3
Prof. Dr. Emil Lehnartz, Münster
Der Chemismus der Muskelmaschine
Prof. Dr. Gunther Lehmann, Dortmund
Physiologische Forschung als Voraussetzung der Bestgestaltung der menschlichen Arbeit
Prof. Dr. Heinrich Kraut, Dortmund
Ernährung und Leistungsfähigkeit
1951, 60 Seiten, 35 Abb., kartoniert, DM 3,50

HEFT 4
Prof. Dr. Franz Wever, Düsseldorf
Aufgaben der Eisenforschung
Prof. Dr.-Ing. Hermann Schenck, Aachen
Entwicklungslinien des deutschen Eisenhüttenwesens
Prof. Dr.-Ing. Max Haas, Aachen
Wirtschaftliche Bedeutung der Leichtmetalle und ihre Entwicklungsmöglichkeiten
1952, 60 Seiten, 20 Abb., kartoniert, DM 3,50

HEFT 5
Prof. Dr. Walter Kikuth, Düsseldorf
Virusforschung
Prof. Dr. Rolf Danneel, Bonn
Fortschritte der Krebsforschung
Prof. Dr. Dr. Werner Schulemann, Bonn
Wirtschaftliche und organisatorische Gesichtspunkte für die Verbesserung unserer Hochschulforschung
1952, 50 Seiten, 2 Abb., kartoniert, DM 2,75

HEFT 6
Prof. Dr. Walter Weizel, Bonn
Die gegenwärtige Situation der Grundlagenforschung in der Physik
Prof. Dr. Siegfried Strugger, Münster
Das Duplikantenproblem in der Biologie
Direktor Dr. Fritz Gummert, Essen
Überlegungen zu den Faktoren Raum und Zeit im biologischen Geschehen und Möglichkeiten einer Nutzanwendung
1952, 64 Seiten, 20 Abb., kartoniert, DM 3,—

HEFT 7
Prof. Dr.-Ing. August Götte, Aachen
Steinkohle als Rohstoff und Energiequelle
Prof. Dr. Dr. E. h. Karl Ziegler, Mülheim (Ruhr)
Über Arbeiten des Max-Planck-Institutes für Kohlenforschung
1953, 66 Seiten, 4 Abb., kartoniert, DM 3,60

HEFT 8
Prof. Dr.-Ing. Wilhelm Fucks, Aachen
Die Naturwissenschaft, die Technik und der Mensch
Prof. Dr. Walther Hoffmann, Münster
Wirtschaftliche und soziologische Probleme des technischen Fortschritts
1952, 84 Seiten, 12 Abb., kartoniert, DM 4,80

HEFT 9
Prof. Dr.-Ing. Franz Bollenrath, Aachen
Zur Entwicklung warmfester Werkstoffe
Prof. Dr. Heinrich Kaiser, Dortmund
Stand spektralanalytischer Prüfverfahren und Folgerung für deutsche Verhältnisse
1952, 100 Seiten, 62 Abb., kartoniert, DM 6,—

HEFT 10
Prof. Dr. Hans Braun, Bonn
Möglichkeiten und Grenzen der Resistenzzüchtung
Prof. Dr.-Ing. Carl Heinrich Dencker, Bonn
Der Weg der Landwirtschaft von der Energieautarkie zur Fremdenergie
1952, 74 Seiten, 23 Abb., kartoniert, DM 4,30

HEFT 11
Prof. Dr.-Ing. Herwart Opitz, Aachen
Entwicklungslinien der Fertigungstechnik in der Metallbearbeitung
Prof. Dr.-Ing. Karl Krekeler, Aachen
Stand und Aussichten der schweißtechnischen Fertigungsverfahren
1952, 72 Seiten, 49 Abb., kartoniert, DM 5,—

HEFT 12
Dr. Hermann Rathert, Wuppertal-Elberfeld
Entwicklung auf dem Gebiet der Chemiefaser-Herstellung
Prof. Dr.-Ing. Wilhelm Weltzien, Krefeld
Rohstoff und Veredlung in der Textilwirtschaft
1952, 84 Seiten, 29 Abb., kartoniert, DM 4,80

HEFT 13
Dr.-Ing. E. h. Karl Herz, Frankfurt a. M.
Die technischen Entwicklungstendenzen im elektrischen Nachrichtenwesen
Staatssekretär Prof. Leo Brandt, Düsseldorf
Navigation und Luftsicherung
1952, 102 Seiten, 97 Abb., kartoniert, DM 7,25

HEFT 14
Prof. Dr. Burckhardt Helferich, Bonn
Stand der Enzymchemie und ihre Bedeutung
Prof. Dr. Hugo Wilhelm Knipping, Köln
Ausschnitt aus der klinischen Carcinomforschung am Beispiel des Lungenkrebses
1952, 72 Seiten, 12 Abb., kartoniert, DM 4,30

HEFT 15
Prof. Dr. Abraham Esau †, Aachen
Ortung mit elektrischen und Ultraschallwellen in Technik und Natur
Prof. Dr.-Ing. Eugen Flegler, Aachen
Die ferromagnetischen Werkstoffe der Elektrotechnik und ihre neueste Entwicklung
1953, 84 Seiten, 25 Abb., kartoniert, DM 4,80

HEFT 16
Prof. Dr. Rudolf Seyffert, Köln
Die Problematik der Distribution
Prof. Dr. Theodor Beste, Köln
Der Leistungslohn
1952, 70 Seiten, 1 Abb., kartoniert, DM 3,50

HEFT 17
Prof. Dr.-Ing. Friedrich Seewald, Aachen
Luftfahrtforschung in Deutschland und ihre Bedeutung für die allgemeine Technik
Prof. Dr.-Ing. Edouard Houdremont, Essen
Art und Organisation der Forschung in einem Industrieforschungsinstitut der Eisenindustrie
1953, 90 Seiten, 4 Abb., kartoniert, DM 4,20

HEFT 18
Prof. Dr. Dr. Werner Schulemann, Bonn
Theorie und Praxis pharmakologischer Forschung
Prof. Dr. Wilhelm Groth, Bonn
Technische Verfahren zur Isotopentrennung
1953, 72 Seiten, 17 Abb., kartoniert, DM 4,—

HEFT 19
Dipl.-Ing. Kurt Traenckner, Essen
Entwicklungstendenzen der Gaserzeugung
1953, 26 Seiten, 12 Abb., kartoniert, DM 1,60

HEFT 20
M. Zvegintzow, London
Wissenschaftliche Forschung und die Auswertung ihrer Ergebnisse
Ziel und Tätigkeit der National Research Development Corporation
Dr. Alexander King, London
Wissenschaft und internationale Beziehungen
1954, 88 Seiten, kartoniert, DM 4,20

HEFT 21
Prof. Dr. Robert Schwarz, Aachen
Wesen und Bedeutung der Silicium-Chemie
Prof. Dr. Dr. h. c. Kurt Alder, Köln
Fortschritte in der Synthese von Kohlenstoffverbindungen
1954, 76 Seiten, 49 Abb., kartoniert, DM 4,—

HEFT 21a
Prof. Dr. Dr. h. c. Otto Hahn, Göttingen
Die Bedeutung der Grundlagenforschung für die Wirtschaft
Prof. Dr. Siegfried Strugger, Münster
Die Erforschung des Wasser- und Nährsalztransportes im Pflanzenkörper mit Hilfe der fluoreszenzmikroskopischen Kinematographie
1953, 74 Seiten, 26 Abb., kartoniert, DM 5,—

HEFT 22
Prof. Dr. Johannes von Allesch, Göttingen
Die Bedeutung der Psychologie im öffentlichen Leben
Prof. Dr. Otto Graf, Dortmund
Triebfedern menschlicher Leistung
1953, 80 Seiten, 19 Abb., kartoniert, DM 4,—

HEFT 23
Prof. Dr. Dr. h. c. Bruno Kuske, Köln
Zur Problematik der wirtschaftswissenschaftlichen Raumforschung
Prof. Dr.-Ing. E. h. Stephan Prager, Düsseldorf
Städtebau und Landesplanung
1954, 84 Seiten, 3 Abb., kartoniert, DM 3,50

HEFT 24
Prof. Dr. Rolf Danneel, Bonn
Über die Wirkungsweise der Erbfaktoren
Prof. Dr.-Ing. Kurt Herzog, Krefeld
Bewegungsbedarf der menschlichen Gliedmaßengelenke bei der Berufsarbeit
1953, 76 Seiten, 18 Abb., kartoniert, DM 4,—

WESTDEUTSCHER VERLAG · KÖLN UND OPLADEN

HEFT 25
Prof. Dr. Otto Haxel, Heidelberg
Energiegewinnung aus Kernprozessen
Dr.-Ing. Dr. Max Wolf, Düsseldorf
Gegenwartsprobleme der energiewirtschaftlichen Forschung
1953, 98 Seiten, 27 Abb., kartoniert, DM 5,25

HEFT 26
Prof. Dr. Friedrich Becker, Bonn
Ultrakurzwellenstrahlung aus dem Weltraum
Dr. Hans Straßl, Bonn
Bemerkenswerte Doppelsterne und das Problem der Sternentwicklung
1954, 70 Seiten, 8 Abb., kartoniert, DM 3,60

HEFT 27
Prof. Dr. Heinrich Behnke, Münster
Der Strukturwandel der Mathematik in der ersten Hälfte des 20. Jahrhunderts
Prof. Dr. Emanuel Sperner, Hamburg
Eine mathematische Analyse der Luftdruckverteilungen in großen Gebieten
1956, 96 Seiten, 12 Abb, 5 Tab., kartoniert, DM 5,—

HEFT 28
Prof. Dr. Oskar Niemczyk, Aachen
Die Problematik gebirgsmechanischer Vorgänge im Steinkohlenbergbau
Prof. Dr. Wilhelm Ahrens, Krefeld
Die Bedeutung geologischer Forschung für die Wirtschaft, besonders in Nordrhein-Westfalen
1955, 96 Seiten, 12 Abb., kartoniert, DM 5,25

HEFT 29
Prof. Dr. Bernhard Rensch, Münster
Das Problem der Residuen bei Lernleistungen
Prof. Dr. Hermann Fink, Köln
Über Leberschäden bei der Bestimmung des biologischen Wertes verschiedener Eiweiße von Mikroorganismen
1954, 96 Seiten, 23 Abb., kartoniert, DM 5,25

HEFT 30
Prof. Dr.-Ing. Friedrich Seewald, Aachen
Forschungen auf dem Gebiete der Aerodynamik
Prof. Dr.-Ing. Karl Leist, Aachen
Einige Forschungsarbeiten aus der Gasturbinentechnik
1955, 98 Seiten, 45 Abb., kartoniert, DM 7,—

HEFT 31
Prof. Dr.-Ing. Dr. h. c. Fritz Mietzsch, Wuppertal
Chemie und wirtschaftliche Bedeutung der Sulfonamide
Prof. Dr. Dr. h. c. Gerhard Domagk, Wuppertal
Die experimentellen Grundlagen der bakteriellen Infektionen
1954, 82 Seiten, 2 Abb., kartoniert, DM 4,—

HEFT 32
Prof. Dr. Hans Braun, Bonn
Die Verschleppung von Pflanzenkrankheiten und -schädigungen über die Welt
Prof. Dr. Wilhelm Rudorf, Voldagsen
Der Beitrag von Genetik und Züchtung zur Bekämpfung von Viruskrankheiten der Nutzpflanzen
1953, 88 Seiten, 36 Abb., kartoniert, DM 5,—

HEFT 33
Prof. Dr.-Ing. Volker Aschoff, Aachen
Probleme der elektroakustischen Einkanalübertragung
Prof. Dr.-Ing. Herbert Döring, Aachen
Erzeugung und Verstärkung von Mikrowellen
1954, 74 Seiten, 23 Abb., kartoniert, DM 4,30

HEFT 34
Geheimrat Prof. Dr. Dr. Rudolf Schenck, Aachen
Bedingungen und Gang der Kohlenhydratsynthese im Licht
Prof. Dr. Emil Lehnartz, Münster
Die Endstufen des Stoffabbaues im Organismus
1954, 80 Seiten, 11 Abb., kartoniert, DM 4,20

HEFT 35
Prof. Dr.-Ing. Hermann Schenck, Aachen
Gegenwartsprobleme der Eisenindustrie in Deutschland
Prof. Dr.-Ing. Eugen Piwowarsky †, Aachen
Gelöste und ungelöste Probleme im Gießereiwesen
1954, 110 Seiten, 67 Abb., kartoniert, DM 6,50

HEFT 36
Prof. Dr. Wolfgang Riezler, Bonn
Teilchenbeschleuniger
Prof. Dr. Gerhard Schubert, Hamburg
Anwendung neuer Strahlenquellen in der Krebstherapie
1954, 104 Seiten, 43 Abb., kartoniert, DM 7,—

HEFT 37
Prof. Dr. Franz Lotze, Münster
Probleme der Gebirgsbildung
Bergwerksdirektor Bergassessor a.D. G. Rauschenbach, Essen
Die Erhaltung der Förderungskapazität des Ruhrbergbaues auf lange Sicht
in Vorbereitung

HEFT 38
Dr. E. Colin Cherry, London
Kybernetik
Prof. Dr. Erich Pietsch, Clausthal-Zellerfeld
Dokumentation und mechanisches Gedächtnis — zur Frage der Ökonomie der geistigen Arbeit
1954, 108 Seiten, 31 Abb., kartoniert, DM 5,25

HEFT 39
Dr. Heinz Haase, Hamburg
Infrarot und seine technischen Anwendungen
Prof. Dr. Abraham Esau †, Aachen
Ultraschall und seine technischen Anwendungen
1955, 80 Seiten, 25 Abb., kartoniert, DM 4,80

HEFT 40
Bergassessor Fritz Lange, Bochum-Hordel
Die wirtschaftliche und soziale Bedeutung der Silikose im Bergbau
Prof. Dr. Walter Kikuth, Düsseldorf
Die Entstehung der Silikose und ihre Verhütungsmaßnahmen
1954, 120 Seiten, 40 Abb., kartoniert, DM 7,25

HEFT 40a
Prof. Dr. Eberhard Gross, Bonn
Berufskrebs und Krebsforschung
Prof. Dr. Hugo Wilhelm Knipping, Köln
Die Situation der Krebsforschung vom Standpunkt der Klinik
1955, 88 Seiten, 31 Abb., kartoniert, DM 5,—

HEFT 41
Direktor Dr.-Ing. Gustav-Victor Lachmann, London
An einer neuen Entwicklungsschwelle im Flugzeugbau
Direktor Dr.-Ing. A. Gerber, Zürich-Oerlikon
Stand der Entwicklung der Raketen- und Lenktechnik
1955, 88 Seiten, 44 Abb., kartoniert, DM 6,—

HEFT 42
Prof. Dr. Theodor Kraus, Köln
Lokalisationsphänomene und Raumordnung vom Standpunkt der geographischen Wissenschaft
Direktor Dr. Fritz Gummert, Essen
Vom Ernährungsversuchsfeld der Kohlenstoffbiologischen Forschungsstation Essen
in Vorbereitung

HEFT 42a
Prof. Dr. Dr. h. c. Gerhard Domagk, Wuppertal
Fortschritte auf dem Gebiet der experimentellen Krebsforschung
1954, 46 Seiten, kartoniert, DM 2,—

HEFT 43
Prof. Giovanni Lampariello, Rom
Über Leben und Werk von Heinrich Hertz
Prof. Dr. Walter Weizel, Bonn
Über das Problem der Kausalität in der Physik
1955, 76 Seiten kartoniert, DM 3,30

HEFT 43a
Prof. Dr. José Mª Albareda, Madrid
Die Entwicklung der Forschung in Spanien
in Vorbereitung

HEFT 44
Prof. Dr. Burckhardt Helferich, Bonn
Über Glykoside
Prof. Dr. Fritz Micheel, Münster
Kohlenhydrat-Eiweiß-Verbindungen und ihre biochemische Bedeutung
in Vorbereitung

HEFT 45
Prof. Dr. John von Neumann, Princeton, USA
Entwicklung und Ausnutzung neuerer mathematischer Maschinen
Prof. Dr. E. Stiefel, Zürich
Rechenautomaten im Dienste der Technik mit Beispielen aus dem Züricher Institut für angewandte Mathematik
1955, 74 Seiten, 6 Abb., kartoniert, DM 3,50

HEFT 46
Prof. Dr. Wilhelm Weltzien, Krefeld
Ausblick auf die Entwicklung synthetischer Fasern
Prof. Dr. Walther Hoffmann, Münster
Wachstumsformen der Industriewirtschaft
in Vorbereitung

HEFT 47
Staatssekretär Prof. Leo Brandt, Düsseldorf
Die praktische Förderung der Forschung in Nordrhein-Westfalen
Prof. Dr. Ludwig Raiser, Bad Godesberg
Die Förderung der angewandten Forschung durch die Deutsche Forschungsgemeinschaft
in Vorbereitung

HEFT 48
Dr. Hermann Tromp, Rom
Bestandsaufnahme der Wälder der Welt als internationale und wissenschaftliche Aufgabe
Prof. Dr. Franz Heske, Schloß Reinbek
Die Wohlfahrtswirkungen des Waldes als internationales Problem
in Vorbereitung

HEFT 49
Präsident Dr. G. Böhnecke, Hamburg
Zeitfragen der Ozeanographie
Reg.-Direktor Dr. H. Gabler, Hamburg
Nautische Technik und Schiffssicherheit
1955, 120 Seiten, 49 Abb., kartoniert, DM 7,50

HEFT 50
Prof. Dr.-Ing. Friedrich A. F. Schmidt, Aachen
Probleme der Selbstzündung und Verbrennung bei der Entwicklung der Hochleistungskraftmaschinen
Prof. Dr.-Ing. A. W. Quick, Aachen
Ein Verfahren zur Untersuchung des Austauschvorganges in verwirbelten Strömungen hinter Körpern mit abgelöster Strömung
in Vorbereitung

HEFT 51
Prof. Dr. Siegfried Strugger, Münster
Struktur, Entwicklungsgeschichte und Physiologie der Chloroplasten
Direktor Dr. J. Pätzold, Erlangen
Therapeutische Anwendung mechanischer und elektrischer Energie
in Vorbereitung

HEFT 52
Mr. Patmore, London
Lufttüchtigkeit und technische Prüfung der Flugzeuge in England
Prof. A. D. Young, Cranfield
Die Ausbildung des Ingenieurnachwuchses auf dem Luftfahrtgebiet in England
in Vorbereitung

JAHRESFEIER 1955
Prof. Dr. Josef Pieper, Münster
Über den Philosophie-Begriff Platons
Prof. Dr. Walter Weizel, Bonn
Die Mathematik und die physikalische Realität
1555, 62 Seiten, kartoniert, DM 2,90

HEFT 52a
Dr. D. C. Martin, London
Geschichte und Organisation der Royal Society
Dr. Roux, Südafrika
Probleme der wissenschaftlichen Forschung in der Südafrikanischen Union
in Vorbereitung

HEFT 53
Prof. Dr.-Ing. Georg Schnadel, Hamburg
Forschungsaufgaben zur Untersuchung der Festigkeitsprobleme im Schiffsbau
Prof. Dipl.-Ing. Wilhelm Sturtzel, Duisburg
Forschungsaufgaben zur Untersuchung der Widerstandsprobleme im Schiffsbau
in Vorbereitung

HEFT 53a
Prof. Giovanni Lampariello, Rom
Von Galilei zu Einstein
1956, 92 Seiten, kartoniert, DM 4,20

HEFT 54
Prof. Dr. Julius Bartels, Göttingen
Sonne und Erde — das Thema des internationalen geophysikalischen Jahres
Direktor Dr. Walter Dieminger, Lindau/Harz
Ionosphäre und drahtloser Weitverkehr
in Vorbereitung

HEFT 54a
Sir John Cockcroft, London
Die friedliche Anwendung der Kernenergie
in Vorbereitung

HEFT 55
Prof. Dr.-Ing. Fritz Schultz-Grunow, Aachen
Das Kriechen und Fließen hochzäher und plastischer Stoffe
Prof. Dr.-Ing. Hans Ebner, Aachen
Wege und Ziele der Festigkeitsforschung besonders im Hinblick auf den Leichtbau
in Vorbereitung

WESTDEUTSCHER VERLAG · KÖLN UND OPLADEN

HEFT 56
Prof. Dr. Ernst Derra, Düsseldorf
Der Entwicklungsstand der Herzchirurgie
Prof. Dr. Gunther Lehmann, Dortmund
Muskelarbeit und Muskelermüdung in Theorie und Praxis
in Vorbereitung

HEFT 57
Prof. Dr. Theodor von Kármán, Pasadena
Freiheit und Organisation in der Luftfahrtforschung
in Vorbereitung

HEFT 58
Prof. Dr. Fritz Schröter, Ulm
Neue Forschungs- und Entwicklungsrichtungen im Fernsehen
Prof. Dr. Albert Narath, Berlin
Der gegenwärtige Stand der Filmtechnik
in Vorbereitung

VERÖFFENTLICHUNGEN DER ARBEITSGEMEINSCHAFT FÜR FORSCHUNG DES LANDES NORDRHEIN-WESTFALEN

GEISTESWISSENSCHAFTEN

Im Auftrage des Ministerpräsidenten Karl Arnold
herausgegeben von Staatssekretär Prof. Leo Brandt

HEFT 1
Prof. Dr. Werner Richter, Bonn
Die Bedeutung der Geisteswissenschaften für die Bildung unserer Zeit
Prof. Dr. Joachim Ritter, Münster
Die aristotelische Lehre vom Ursprung und Sinn der Theorie
1953, 64 Seiten, kartoniert, DM 3,50

HEFT 2
Prof. Dr. Josef Kroll, Köln
Elysium
Prof. Dr. Günther Jachmann, Köln
Die vierte Ekloge Vergils
1953, 72 Seiten, kartoniert, DM 3,75

HEFT 3
Prof. Dr. Hans Erich Stier, Münster
Die klassische Demokratie
1954, 100 Seiten, kartoniert, DM 6,—

HEFT 4
Prof. Dr. Werner Caskel, Köln
Lihyan und Lihyanisch. Sprache und Kultur eines früharabischen Königreiches
1954, 168 Seiten, 6 Abb., kartoniert, DM 11,—

HEFT 5
Prof. Dr. Thomas Ohm, Münster
Stammesreligionen im südlichen Tanganyika-Territorium
1953, 80 Seiten, 25 Abb., kartoniert, DM 11,50

HEFT 6
Prälat Prof. Dr. Dr. h. c. Georg Schreiber, Münster
Deutsche Wissenschaftspolitik von Bismarck bis zum Atomwissenschaftler Otto Hahn
1954, 102 Seiten, 7 Bilder, kartoniert, DM 6,25

HEFT 7
Prof. Dr. Walter Holtzmann, Bonn
Das mittelalterliche Imperium und die werdenden Nationen
1953, 28 Seiten, kartoniert, DM 2,50

HEFT 8
Prof. Dr. Werner Caskel, Köln
Die Bedeutung der Beduinen in der Geschichte der Araber
1954, 44 Seiten, kartoniert, DM 2,75

HEFT 9
Prälat Prof. Dr. Dr. h. c. Georg Schreiber, Münster
Irland im deutschen und abendländischen Sakralraum
in Vorbereitung

HEFT 10
Prof. Dr. Peter Rassow, Köln
Forschungen zur Reichsidee im 16. und 17. Jahrhundert
1955, 32 Seiten, kartoniert, DM 1,90

HEFT 11
Prof. Dr. Hans Erich Stier, Münster
Roms Aufstieg zur Weltherrschaft
in Vorbereitung

HEFT 12
Prof. D. Karl Heinrich Rengstorf, Münster
Mann und Frau im Urchristentum
Prof. Dr. Hermann Conrad, Bonn
Grundprobleme einer Reform des Familienrechts
1954, 106 Seiten, kartoniert, DM 6,—

HEFT 13
Prof. Dr. Max Braubach, Bonn
Der Weg zum 20. Juli 1944
1953, 48 Seiten, kartoniert, DM 3,25

HEFT 14
Prof. Dr. Paul Hübinger, Münster
Das deutsch-französische Verhältnis und seine mittelalterlichen Grundlagen
in Vorbereitung

HEFT 15
Prof. Dr. Franz Steinbach, Bonn
Der geschichtliche Weg des wirtschaftenden Menschen in die soziale Freiheit und politische Verantwortung
1954, 76 Seiten, kartoniert, DM 3,80

HEFT 16
Prof. Dr. Josef Koch, Köln
Die Ars coniecturalis des Nikolaus von Cues
in Vorbereitung

HEFT 17
Prof. Dr. James Conant,
US-Hochkommissar für Deutschland
Staatsbürger und Wissenschaftler
Prof. D. Karl Heinrich Rengstorf, Münster
Antike und Christentum
1953, 48 Seiten, 2 Abb., kartoniert, DM 3,50

HEFT 18
Prof. Dr. Richard Alewyn, Köln
Klopstocks Publikum
in Vorbereitung

HEFT 19
Prof. Dr. Fritz Schalk, Köln
Das Lächerliche in der französischen Literatur des Ancien Régime
1954, 42 Seiten, kartoniert, DM 2,25

HEFT 20
Prof. Dr. Ludwig Raiser, Bad Godesberg
Rechtsfragen der Mitbestimmung
1954, 48 Seiten, kartoniert, DM 2,50

HEFT 21
Prof. D. Martin Noth, Bonn
Das Geschichtsverständnis der alttestamentlichen Apokalyptik
1953, 36 Seiten, kartoniert, DM 2,20

HEFT 22
Prof. Dr. Walter F. Schirmer, Bonn
Glück und Ende des Könige in Shakespeares Historien
1954, 32 Seiten, kartoniert, DM 1,60

HEFT 23
Prof. Dr. Günther Jachmann, Köln
Der homerische Schiffskatalog und die Ilias
in Vorbereitung

HEFT 24
Prof. Dr. Theodor Klauser, Bonn
Die römischen Petrustraditionen im Lichte der neuen Ausgrabungen unter der Peterskirche
in Vorbereitung

HEFT 25
Prof. Dr. Hans Peters, Köln
Die Gewaltentrennung in moderner Sicht
1955, 48 Seiten, kartoniert, DM 3,10

HEFT 26
Prof. Dr. Fritz Schalk, Köln
Calderon und die Mythologie
in Vorbereitung

HEFT 27
Prof. Dr. Josef Kroll, Köln
Vom Leben geflügelter Worte
in Vorbereitung

WESTDEUTSCHER VERLAG · KÖLN UND OPLADEN

HEFT 28
Prof. Dr. Thomas Ohm, Münster
Die Religionen in Asien
1954, 50 Seiten, 4 Abb., kartoniert, DM 5,—

HEFT 29
Prof. Dr. Johann Leo Weisgerber, Bonn
Die Ordnung der Sprache im persönlichen und öffentlichen Leben
1955, 64 Seiten, kartoniert, DM 2,90

HEFT 30
Prof. Dr. Werner Caskel, Köln
Entdeckungen in Arabien
1954, 44 Seiten, kartoniert, DM 2,—

HEFT 31
Prof. Dr. Max Braubach, Bonn
Entstehung und Entwicklung der landesgeschichtlichen Bestrebungen und historischen Vereine im Rheinland
1955, 32 Seiten, kartoniert, DM 1,60

HEFT 32
Prof. Dr. Fritz Schalk, Köln
Somnium und verwandte Wörter in den romanischen Sprachen
1955, 48 Seiten, 3 Abb., kartoniert, DM 2,50

HEFT 33
Prof. Dr. Friedrich Dessauer, Frankfurt a. M.
Erbe und Zukunft des Abendlandes
in Vorbereitung

HEFT 34
Prof. Dr. Thomas Ohm, Münster
Ruhe und Frömmigkeit
1955, 128 Seiten, 30 Abb., kartoniert, DM 8,—

HEFT 35
Prof. Dr. Hermann Conrad, Bonn
Die mittelalterliche Besiedlung des deutschen Ostens und das Deutsche Recht
1955, 40 Seiten, kartoniert, DM 2,—

HEFT 36
Prof. Dr. Hans Sckommodau, Köln
Die religiösen Dichtungen Margaretes von Navarra
1955, 172 Seiten, kartoniert, DM 7,20

HEFT 37
Prof. Dr. Herbert von Einem, Bonn
Der Mainzer Kopf mit der Binde
1955, 88 Seiten, 40 Abb., kartoniert, DM 6,—

HEFT 38
Prof. Dr. Joseph Höffner, Münster
Statik und Dynamik in der scholastischen Wirtschaftsethik
1955, 48 Seiten, kartoniert, DM 2,20

HEFT 39
Prof. Dr. Fritz Schalk, Köln
Diderots Essai über Claudius und Nero
in Vorbereitung

HEFT 40
Prof. Dr. Gerhard Kegel, Köln
Probleme des internationalen Enteignungs- und Währungsrechts
in Vorbereitung

HEFT 41
Prof. Dr. Johann Leo Weisgerber, Bonn
Die Grenzen der Schrift — Der Kern der Rechtschreibreform
1955, 72 Seiten, kartoniert, DM 3,25

HEFT 42
Prof. Dr. Richard Alewyn, Köln
Von der Empfindsamkeit zur Romantik
in Vorbereitung

HEFT 43
Prof. Dr. Theodor Schieder, Köln
Die Probleme des Rapallo-Vertrages 1922
in Vorbereitung

HEFT 44
Prof. Dr. Andreas Kumpf, Köln
Stilphasen der spätantiken Kunst
in Vorbereitung

HEFT 45
Dr. Ulrich Luck, Münster
Kerygma und Tradition in der Hermeneutik Adolf Schlatters
1955, 136 Seiten, kartoniert, DM 6,15

HEFT 46
Prof. Dr. Walther Holtzmann, Rom
Das Deutsche Historische Institut in Rom
Prof. Dr. Graf Wolff Metternich, Rom
Die Bibliotheca Hertziana und der Palazzo Zuccari
1955, 68 Seiten, 7 Abb., kartoniert, DM 3,50

JAHRESFEIER 1955
Prof. Dr. Josef Pieper, Münster
Über den Philosophie-Begriff Platons
Prof. Dr. Walter Weizel, Bonn
Die Mathematik und die physikalische Realität
1955, 62 Seiten, kartoniert, DM 2,90

HEFT 47
Prof. Dr. Harry Westermann, Münster
Person und Persönlichkeit im Zivilrecht
in Vorbereitung

HEFT 48
Prof. Dr. Johann Leo Weisgerber, Bonn
Die Namen der Ubier
in Vorbereitung

HEFT 49
Prof. Dr. Friedrich Karl Schumann, Münster
Mythos und Technik *in Vorbereitung*

HEFT 50
Prof. Dr. Wolfgang Schöne, Hamburg
Raffaels Sixtinische Madonna
in Vorbereitung

HEFT 51
Prälat Prof. Dr. Dr. h. c. Georg Schreiber, Münster
Der Bergbau in Geschichte, Ethos und Sakralkultur
in Vorbereitung

HEFT 52
Prof. Dr. Hans J. Wolff, Münster
Die Rechtsgestalt der Universität
in Vorbereitung

HEFT 53
Prof. Dr. Heinrich Vogt, Bonn
Schadenersatzprobleme im Verhältnis von Haftungsgrund und Schaden
in Vorbereitung

HEFT 54
Prof. Dr. Max Braubach, Bonn
Der Einmarsch der deutschen Truppen in die entmilitarisierte Zone am Rhein im März 1936. Ein Beitrag zur Vorgeschichte des zweiten Weltkrieges
in Vorbereitung

HEFT 55
Prof. Dr. Herbert von Einem, Bonn
Die Menschwerdung Christi des Isenheimer Altars
in Vorbereitung

HEFT 56
Prof. Dr. E. J. Cohn, London
Der englische Gerichtstag
in Vorbereitung

HEFT 57
Dr. Albert Woopen, Aachen
Die Zivilehe und der Grundsatz der Unauflöslichkeit der Ehe in der Entwicklung des italienischen Zivilrechts
1956, 88 Seiten, kartoniert, DM 4,—

WESTDEUTSCHER VERLAG · KÖLN UND OPLADEN

If you have any concerns about our products,
you can contact us on
ProductSafety@springernature.com

In case Publisher is established outside the EU,
the EU authorized representative is:
**Springer Nature Customer Service Center GmbH
Europaplatz 3, 69115 Heidelberg, Germany**

Printed by Libri Plureos GmbH
in Hamburg, Germany